W0411940

Test 1a: Zehnerzahlen vergleichen, mit Zehnerzahlen rechnen

1 Setze die Zeichen < oder > passend ein.

a) 30 (<) 50 b) 70 ( ) 40 c) 10 ( ) 100 d) 20 ( ) 80

☺ ☹ ☹

2 Trage die fehlenden Zehnerzahlen ein.

a) 20 | 30 | 40 b) 10 | ☐ | 30 c) 40 | ☐ | ☐

☺ ☹ ☹

3 Ordne die Zahlen der Größe nach.

a) Beginne mit der größten Zahl.

50 10 30 40 ~~70~~

70 > ____________________

b) Beginne mit der kleinsten Zahl.

40 70 90 ~~10~~ 50

10 < ____________________

☺ ☹ ☹

4 Rechne. Löse die einfache verwandte Aufgabe (kleine Aufgabe) im Kopf.

a) 20 + 40 = 60 b) 30 + 50 = ☐ c) 10 + ☐ = 80

d) 90 – 70 = ☐ e) 80 – 50 = ☐ f) 70 – ☐ = 30

☺ ☹ ☹

5 Ergänze passend.

a)

70	
40	
20	
	10
	40

b)

80	
70	
20	
	40
	50

c)

90	
80	
	30
20	
	50

d)

100	
60	
	20
50	
	70

☺ ☹ ☹

Wie kann ich die Aufgabe lösen?
☺ kann ich gut lösen; 😐 kann ich nur zum Teil gut lösen; ☹ kann ich nicht lösen

Test 1b: Zahlen bis 100 ermitteln und darstellen

1 Trage die passende Zahl ein.

a) 

b) 

c) 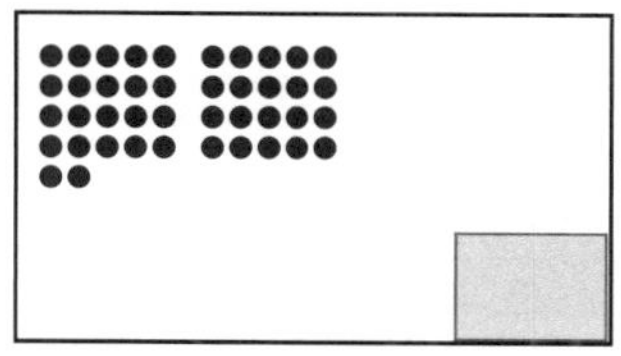

d) 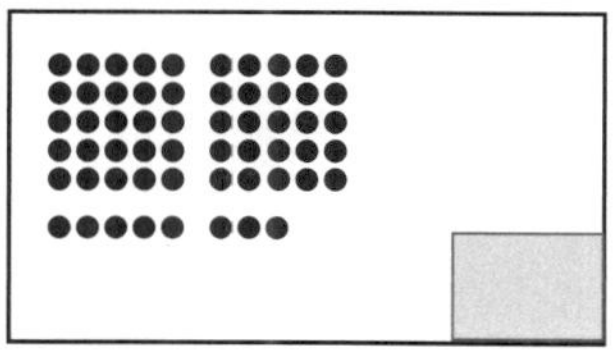

e) 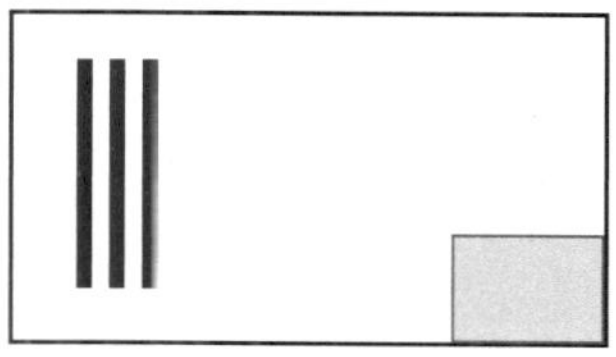

f) 

2 Zeichne zu jeder Zahl das passende Zahlenbild.

a) 45

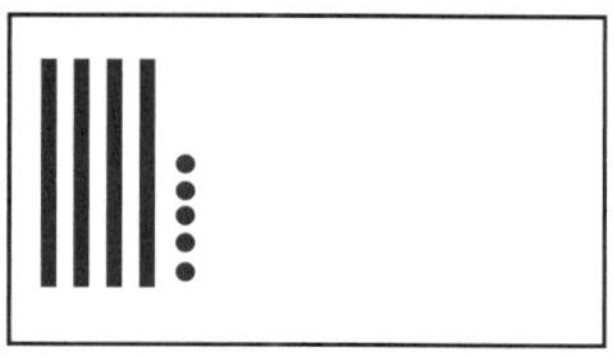

b) 52

c) 73

3 Bestimme die Anzahl. Übertrage dazu die Anzahl der Zehner und Einer in die Stellentafel und bilde eine Plusaufgabe.

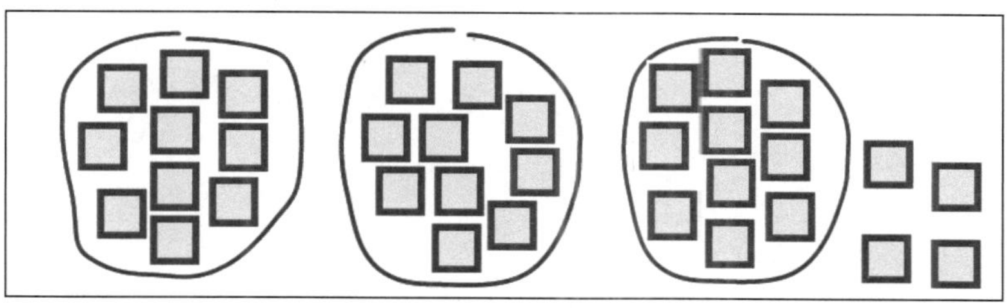

Z	E

___ + ___ = ___

4 Schreibe als Zahl.

a)

Z	E
5	6

b) 2Z 9E

c) 

5 Schreibe als Zahlwort.

a) 45 fünfundvierzig

b) 56 ______

c) 84 ______

d) 73 ______

Wie kann ich die Aufgabe lösen?
☺ kann ich gut lösen; 😐 kann ich nur zum Teil gut lösen; ☹ kann ich nicht lösen

Test 1c: Zahlen in der Hundertertafel und am Zahlenstrahl

1 Trage die fehlenden Zahlen ein.

a) 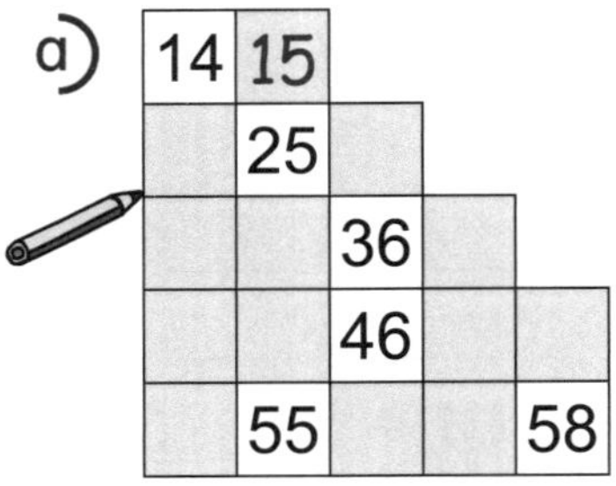

b) 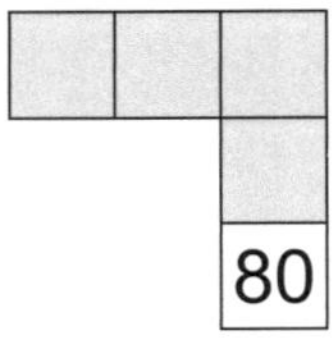

c) 

2 Schreibe auf, auf welche Zahlen die Pfeile zeigen.

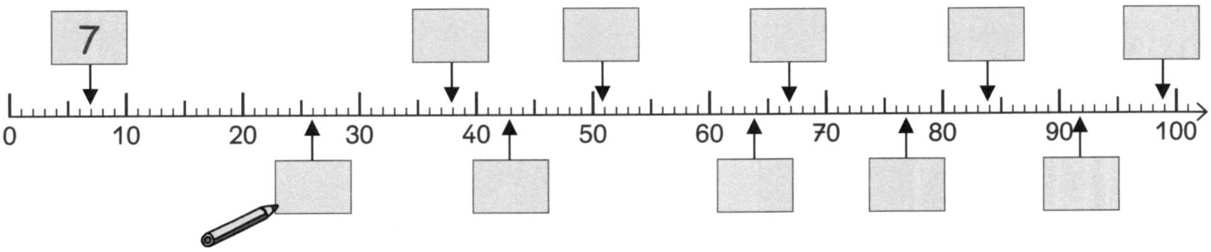

3 Trage die Zahlen mit einem Pfeil am Zahlenstrahl ein.

~~24~~, 38, 74, 65, 98, 47, 53

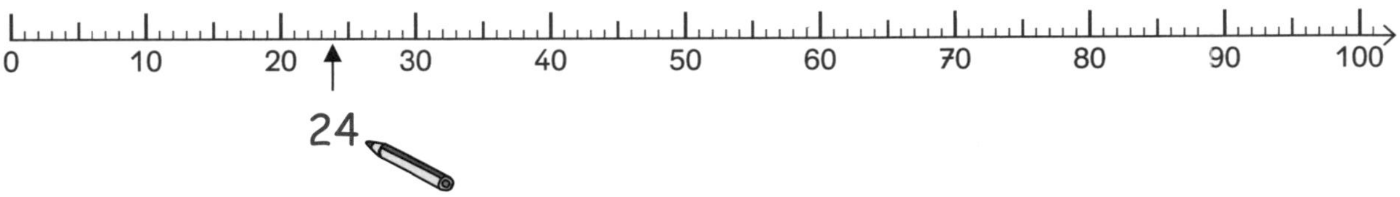

4 Stelle dir die Anordnung der Zahlen in der Hundertertafel vor.
Löse die Zahlenrätsel.

a) Meine Zahl liegt rechts neben 35. 36

b) Meine Zahl liegt über 47.

c) Meine Zahl liegt unter 86.

d) Meine Zahl liegt links neben 98.

Wie kann ich die Aufgabe lösen?
☺ kann ich gut lösen; 😐 kann ich nur zum Teil gut lösen; ☹ kann ich nicht lösen

Test 1d: Zahlen bis 100 ordnen und vergleichen

1 Trage die fehlenden Zahlen ein.

a) 39 | 40 | 41 | ☐ | ☐ | 44 | ☐ | ☐ | ☐ | ☐ | 49 | 50

b) 81 | ☐ | ☐ | 78 | ☐ | ☐ | 75 | ☐ | ☐ | 72 | ☐ | 70

2 Bestimme Vorgänger und Nachfolger.

a) 31 | 32 | 33 — ☐ | 44 | ☐

b) ☐ | 80 | ☐ — ☐ | 72 | ☐

c) ☐ | 51 | ☐ — ☐ | 69 | ☐

3 Bestimme die beiden Nachbarzehner.

a) 20 | 24 | 30 — ☐ | 46 | ☐

b) ☐ | 93 | ☐ — ☐ | 19 | ☐

c) ☐ | 60 | ☐ — ☐ | 32 | ☐

4 Ordne die Zahlen der Größe nach.

a) Beginne mit der kleinsten Zahl.

24 78 ~~8~~ 43 34 87

8 < ☐ < ☐ < ☐ < ☐ < ☐

b) Beginne mit der größten Zahl.

67 36 19 78 91 ~~98~~

98 > ☐ > ☐ > ☐ > ☐ > ☐

5 Setze passende Zahlen ein.

a) 39 < 42 b) 47 > ☐ c) 98 < ☐ d) 76 > ☐

6 Setze die Zeichen < oder > passend ein.

a) 43 (<) 47 b) 66 ◯ 64 c) 54 ◯ 45 d) 63 ◯ 36

Wie kann ich die Aufgabe lösen?
☺ kann ich gut lösen; 😐 kann ich nur zum Teil gut lösen; ☹ kann ich nicht lösen

Test 1e: Gerade und ungerade Zahlen erkennen

1 Versuche die Zahlen in zwei gleiche Teile zu zerlegen.
Schreibe dein Ergebnis auf. Kreuze die richtige Aussage an.

a)
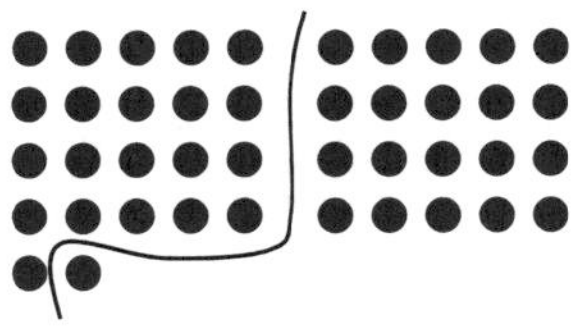

21 + 21 = 42

☒ Halbieren geht.
○ Halbieren geht nicht.

b)
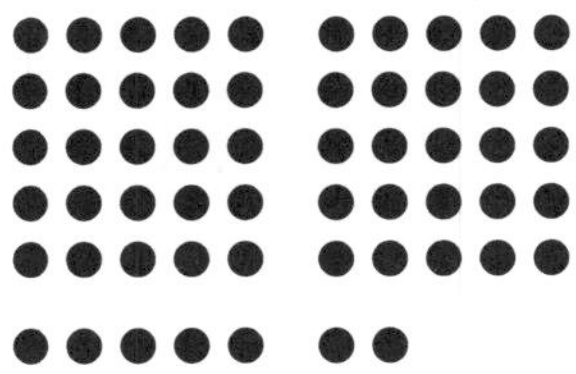

☐ + ☐ = ☐

○ Halbieren geht.
○ Halbieren geht nicht.

c)
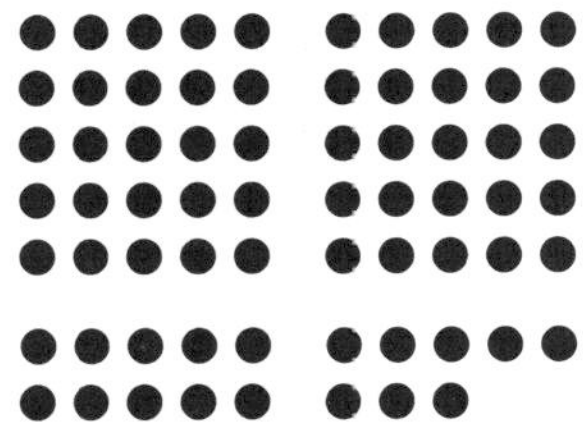

☐ + ☐ = ☐

○ Halbieren geht.
○ Halbieren geht nicht.

d)
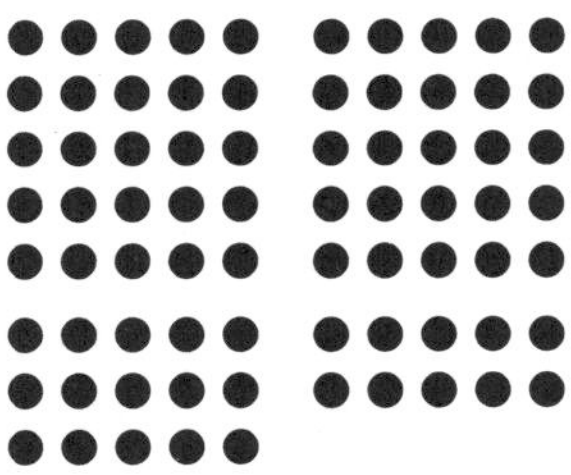

☐ + ☐ = ☐

○ Halbieren geht.
○ Halbieren geht nicht.

e)
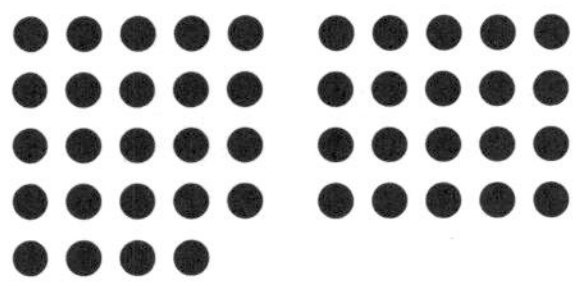

☐ + ☐ = ☐

○ Halbieren geht.
○ Halbieren geht nicht.

f)
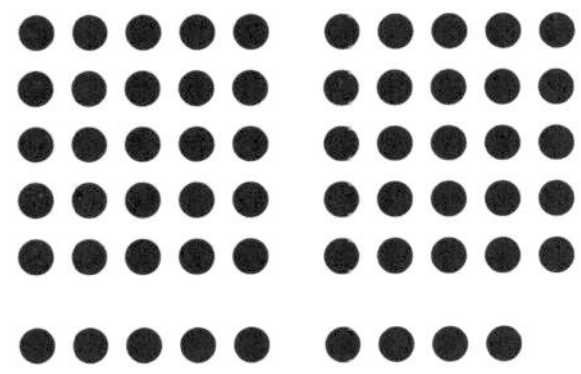

☐ + ☐ = ☐

○ Halbieren geht.
○ Halbieren geht nicht.

2 Umkreise alle geraden Zahlen.

a) 33 52 86 (74) 45 97

b) 61 93 28 54 79 60

3 Umkreise alle ungeraden Zahlen.

a) (13) 74 47 36 81 18

b) 12 27 33 21 44 86

Wie kann ich die Aufgabe lösen?
☺ kann ich gut lösen; 😐 kann ich nur zum Teil gut lösen; ☹ kann ich nicht lösen

Test 1f: Informationen entnehmen

1 Lies die Informationen in dem Säulendiagramm ab.
Ergänze dann die Aussagen.

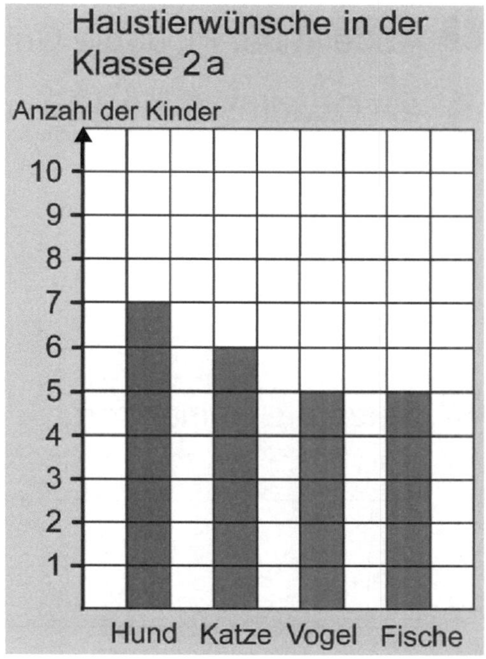

a) Die meisten Kinder wünschen sich ____________ als Haustier.

b) Gleich viele Kinder wünschen sich als Haustier ____________ und ____________.

c) ☐ Kinder wünschen sich als Haustier eine Katze.

2 In der Tabelle sind die Lieblingsfächer der Kinder aus der Klasse 2 b dargestellt.
Ergänze die Aussagen.

	Sport	Deutsch	Mathe
Jungen	8	3	5
Mädchen	6	4	3
Insgesamt	14	7	8

☐ Jungen haben als Lieblingsfach Sport.

Insgesamt mögen ☐ Kinder am liebsten Mathe.

☐ Mädchen haben Deutsch als Lieblingsfach angegeben.

3 Lies die Informationen auf den Zetteln. Ergänze dann die Aussagen.

In der Klasse 2 a sind 26 Kinder. 6 Kinder spielen Flöte.	12 Kinder haben Geschwister. 4 von ihnen haben kleine Brüder.

☐ Kinder in der Klasse 2 a spielen Flöte. Von den Kinder haben ☐ Kinder kleine Brüder. In die Klasse 2 a gehen ☐ Kinder.

Wie kann ich die Aufgabe lösen?
☺ kann ich gut lösen; 😐 kann ich nur zum Teil gut lösen; ☹ kann ich nicht lösen

Test 1g: Figuren – Muster – Reihen / Achsensymmetrische Figuren

❶ Finde in der Figur die Grundformen und male sie aus.

a) ein Quadrat b) ein Rechteck c) ein Dreieck

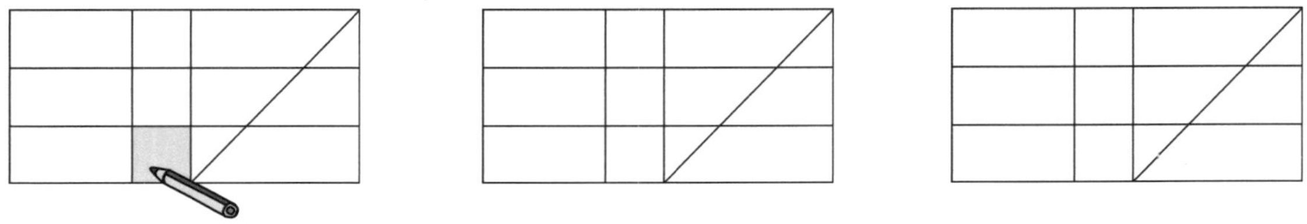

❷ Setze die Reihen fort.

a)  ______

b) 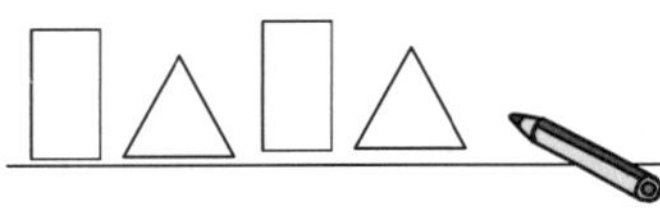 ______

c) 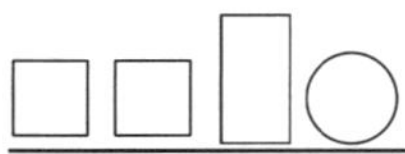 ______

d)  ______

❸ Setze die Begriffe ~~vor~~ | hinter | rechts | links passend ein.

Vor ______ dem Haus stehen Blumen.

______ neben dem Haus steht ein Auto.

______ dem Haus steht ein Baum.

______ neben dem Haus steht eine Bank.

❹ Umkreise alle Figuren und Zeichen, die symmetrisch sind.

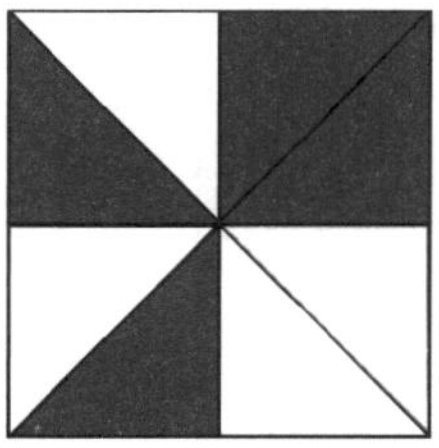

8

A

G

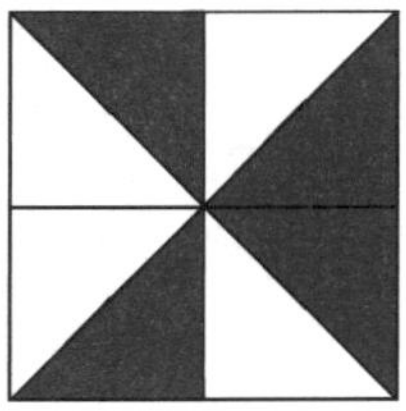

L

H

IMO

OTTO

MAMA

Wie kann ich die Aufgabe lösen?
☺ kann ich gut lösen; 😐 kann ich nur zum Teil gut lösen; ☹ kann ich nicht lösen

Diagnosebogen zu den Tests zum Themenheft 1

HRU: Allgemeine Hinweise, Anregungen für den Unterricht, individuelle Förderung, Arbeit im Plenum S. 69–84
Kompetenzraster Kom Ü1–Ü2; Beobachtungsbögen „Allgemeine mathematische Kompetenzen“ BBK; Kompetenzbögen Kom 1a–1e; Beobachtungsbögen BB 1a–1f; Tests 1a–1g; Tests mit besonderen Anforderungen (mbA) 1a–1c; Lehrerkopiervorlagen (LKV) 1–16
Kopiervorlagen (KV) 1–28
Lernsoftware Interaktive Übungen: „Zahlenraum bis 100“, „Sachrechnen“, „Symmetrie“

s = sicher; **ü** = überwiegend sicher; **t** = teilweise; **n** = noch nicht

.... kann	s	ü	t	n	Förderhinweise; Forderhinweise*/Verwendung von Material	KV/LKV
Test 1 a)						
❶ Zehnerzahlen vergleichen					• Zehnerzahlen mit Steckwürfeln oder Zehnerstreifen (Kartonbeilage) legen • Zehnerzahlkärtchen zuordnen und das passende Relationszeichen einsetzen • Analogien zum Zahlenraum bis 10 herausstellen, wie 3Z < 4Z, weil 3 < 4 • Lernsoftware: „Zehnerzahlen“ • zu vorgegebenen Zehnerzahlen und Relationszeichen passende Zehnerzahlen finden*	KV 1, KV 2 LKV 4
❷ Nachbarzehner finden					• zu vorgegebenen Zehnerzahlen Nachbarzehner ermitteln und legen • Zusammenhänge zwischen Nachbarzahlen wie 5 und 6 sowie Nachbarzehnern wie 50 und 60 herstellen • Lernsoftware: „Zehnerzahlen“	LKV 4
❸ Zehnerzahlen der Größe nach ordnen					• mit Zehnerzahlkärtchen die Zehnerreihe in beide Richtungen legen • die Zahlenreihe aus Zehnerzahlen vorwärts und rückwärts aufsagen • Zehnerzahlen der Größe nach ordnen, dabei mit der kleinsten oder mit der größten Zahl beginnen • Lernsoftware: „Zehnerzahlen“	LKV 4
❹ Zehnerzahlen mithilfe der „kleinen Aufgabe“ addieren und subtrahieren					• Plus- und Minusaufgaben von Zehnerzahlen mit Steckwürfeln oder Zehnerstreifen (Kartonbeilage) legen und lösen • Zehnerzahlkärtchen zuordnen und Rechenzeichen einsetzen • Plus- und Minusaufgaben mit Zehnerzahlen mithilfe von Analogieaufgaben lösen, wie 5Z + 2Z = 7Z, weil 5 + 2 = 7 • Lernsoftware: „Zehnerzahlen“ • eigene Lösungswege beschreiben*	KV 211, KV 212 KV 3*, KV 4* LKV 1, LKV 4

.... kann	s	ü	t	n	Förderhinweise; Forderhinweise*/Verwendung von Material	KV/LKV
❺ Ergänzungsaufgaben mit Zehnerzahlen lösen					• Ergänzungsaufgaben mit Zehnerzahlen mit Steckwürfeln oder Zehnerstreifen (Kartonbeilage) legen und lösen • Zehnerzahlkärtchen zuordnen und Rechenzeichen einsetzen • Ergänzungsaufgaben mit Zehnerzahlen mithilfe von Analogieaufgaben lösen, wie 4Z + 3Z = 7Z, weil 4 + 3 = 7 • Lernsoftware: „Zehnerzahlen“	KV 211, KV 212 LKV 4, LKV 5
Test 1 b)						
❶ Darstellungen Zahlen bis 100 zuordnen					• zu Darstellungen in Zehner-Einer-Struktur (mit Geld, im Hunderterfeld, als Zehnerstrich/Einerpunkt) die Zahlen finden • Strukturierungen als Zählhilfe nutzen • Lernsoftware: „Zehner und Einer“, „Das Hunderterfeld“ • Plakate mit Darstellungen von Zehner-Einer-Zahlen gestalten* • LM TH 1/11* bzw. VM TH 1/12*	KV 5, KV 6 KV 9* LKV 2, LKV 4, LKV 5
❷ zu Zahlen passende Zahlbilder zeichnen					• Zahlen mit Steckwürfeln bzw. Zehnerstreifen und Wendeplättchen (Kartonbeilagen) legen • Lernsoftware: „Zehner und Einer“ • LM TH 1/11* bzw. VM TH 1/12*	KV 7, KV 210 LKV 2
❸ Anzahl bestimmen, in eine Stellentafel eintragen und eine Plusaufgabe bilden					• Bündelungen mit konkreten Materialien durchführen • Zahlen mit Steckwürfeln bzw. Zehnerstreifen und Wendeplättchen (Kartonbeilagen) legen • Zahlen mit Zehner- und Einerzahlkärtchen legen und in eine Stellentafel übertragen • Lernsoftware: „Zehner und Einer“	LKV 3, LKV 4, LKV 5
❹ Zahldarstellungen als Zahlen schreiben					• Zahlen mit Steckwürfeln bzw. Zehnerstreifen und Wendeplättchen (Kartonbeilagen) legen • Zahlen mit Zehner- und Einerzahlkärtchen legen • Lernsoftware: „Zehner und Einer“	LKV 4, LKV 5
❺ Zahlen als Zahlwörter schreiben					• Zahlen mit Zehner- und Einerzahlkärtchen legen • Zahlwörter aus Einern und Zehnern bilden • Lernsoftware: „Zehner und Einer“	KV 8 LKV 6*
Test 1 c)						
❶ fehlende Zahlen in Ausschnitten der Hundertertafel ergänzen					• Beobachtungen an der Hundertertafel (Kartonbeilage) beschreiben • einzelne Spalten oder Reihen der Hundertertafel betrachten, die abgedeckt oder ausgeschnitten werden • auf einer vergrößerten Hundertertafel mit einer Spielfigur Wege „gehen“, diese beschreiben und notieren • Lernsoftware: „Die Hundertertafel“ • Wege von einer Zahl zur anderen beschreiben* • LM TH 1/21* bzw. VM TH 1/25*	KV 10 KV 11* LKV 7

❷ an vorgegebenen Stellen Zahlen am Zahlenstrahl zuordnen					• einen vergrößerten Zahlenstrahl erstellen und beschriften, diesen betrachten und die Struktur beschreiben • Abschnitte eines Zahlenstrahles (Kartonbeilage) betrachten • fehlende Zahlen am Zahlenstrahl finden, eintragen und benennen • Lernsoftware: „Der Zahlenstrahl“	KV 12, KV 13 LKV 7, LKV 8
❸ vorgegebene Zahlen am Zahlenstrahl eintragen					• Abschnitte eines Zahlenstrahles (Kartonbeilage) betrachten • vorgegebene Zahlen am Zahlenstrahl eintragen • Lernsoftware: „Der Zahlenstrahl“ • zu vorgegebenen Zahlen Nachbarzahlen sowie Nachbarzehner zeigen und benennen*	KV 12, KV 13 LKV 7, LKV 8
❹ durch die Vorstellung der Anordnung der Zahlen in der Hundertertafel Zahlenrätsel lösen					• Zahlenrätsel mit Unterstützung der Hundertertafel (Kartonbeilage) lösen • Lernsoftware: „Die Hundertertafel“ • selbst Zahlenrätsel in der Hundertertafel stellen und lösen*	KV 10, KV 25 KV 11* LKV 7
Test 1 d)						
❶ fehlende Zahlen in Zahlenfolgen ergänzen					• vorgegebene Zahlenfolgen aufsteigend und absteigend fortsetzen • Zahlenfolgen spielerisch, z. B. mit dem Ball oder an Treppen, aufsagen und üben • für Zahlenfolgen Zahlenkärtchen und den Zahlenstrahl (Kartonbeilage) nutzen • Lernsoftware: „Der Zahlenstrahl“ • Strukturen von Zahlenfolgen erkennen* • LM TH 1/27* bzw. VM TH 1/31*	KV 15, KV 16 KV 17* LKV 4, LKV 5, LKV 8, LKV 9
❷ Vorgänger und Nachfolger bestimmen					• zu beliebigen Zahlen die Nachbarzahlen bestimmen • Vorgänger und Nachfolger mit Zahlenkärtchen legen und am Zahlenstrahl (Kartonbeilage) zeigen • Lernsoftware: „Der Zahlenstrahl“	KV 14 LKV 4, LKV 5, LKV 8
❸ die beiden Nachbarzehner bestimmen					• zu beliebigen Zahlen die Nachbarzehner bestimmen • Nachbarzehner mit Zahlenkärtchen legen und am Zahlenstrahl (Kartonbeilage) zeigen • Lernsoftware: „Der Zahlenstrahl“	KV 14 LKV 4, LKV 5, LKV 8
❹ Zahlen bis 100 der Größe nach ordnen					• Zahlenkärtchen mit verschiedenen Zahlen der Größe nach ordnen, dazwischen Relationszeichen setzen • abwechselnd mit der größten und der kleinsten Zahl beginnen • Lernsoftware: „Der Zahlenstrahl“ • Ordnung der Zahlen begründen* • VM TH 1/35*	KV 18 LKV 4, LKV 5, LKV 8
❺ zu Zahlvergleichen die passenden Zahlen finden					• zu Zahlenkärtchen mit verschiedenen Zahlen und Relationszeichen die passenden Zahlkärtchen setzen • Zahlvergleiche am Zahlenstrahl (Kartonbeilage) zeigen • Lernsoftware: „Der Zahlenstrahl“	KV 18 LKV 4, LKV 5, LKV 8

.... kann	s	ü	t	n	Förderhinweise; Forderhinweise*/Verwendung von Material	KV/LKV
❻ Zahlen vergleichen und die Relationszeichen „<“ und „>“ richtig einsetzen					• zwischen Zahlenkärtchen mit verschiedenen Zahlen die passenden Relationszeichen setzen • Zahlvergleiche am Zahlenstrahl (Kartonbeilage) zeigen • Lernsoftware: „Der Zahlenstrahl“ • LM TH 1/29*	KV 18 LKV 4, LKV 5, LKV 8
Test 1 e)						
❶ Zahlen, die mit Punktebildern dargestellt sind, halbieren					• Punktebilder von Zahlen mit Zehnerstreifen und Wendeplättchen (Kartonbeilagen) legen und mit einer Schnur halbieren • verschiedene Zahlen mit Material legen und halbieren • feststellen, wann sich Zahlen halbieren lassen • Halbieren-Können als Merkmal gerader Zahlen erkennen	
❷ gerade Zahlen ohne bildliche Darstellung bestimmen und kennzeichnen					• Kenntnisse über das Halbieren-Können im Zusammenhang mit geraden Zahlen anwenden • Beobachtungen an der Hundertertafel durch das Einfärben gerader Zahlen machen • LM TH 1/33* bzw. VM TH 1/39*	KV 19
❸ ungerade Zahlen ohne bildliche Darstellung bestimmen und kennzeichnen					• Kenntnisse über das Halbieren-Können im Zusammenhang mit ungeraden Zahlen anwenden • Beobachtungen an der Hundertertafel durch das Einfärben ungerader Zahlen machen • LM TH 1/33* bzw. VM TH 1/39*	KV 19
Test 1 f)						
❶ einem Säulendiagramm Informationen entnehmen und zueinander in Beziehung setzen					• einem Säulendiagramm Informationen entnehmen und diese in vorgegebenen Sätzen ergänzen • einem Säulendiagramm Informationen entnehmen und diese als Aussagen formulieren, auch als vergleichende Aussagen • Lernsoftware: „Sachrechnen“, „Daten und Häufigkeit“ • VM TH 1/45*	KV 22*, KV 23* LKV 11
❷ einer Tabelle Informationen entnehmen und zueinander in Beziehung setzen					• einer Tabelle Informationen entnehmen und diese in vorgegebenen Sätzen ergänzen • einer Tabelle Informationen entnehmen und diese als Aussagen formulieren, auch als vergleichende Aussagen • Lernsoftware: „Sachrechnen“, „Daten und Häufigkeit“ • VM TH 1/43*	KV 20 KV 21* LKV 12
❸ kleinen Texten Informationen entnehmen und zueinander in Beziehung setzen					• einem kleinen Text Informationen entnehmen und diese in vorgegebenen Sätzen ergänzen • einem kleinen Text Informationen entnehmen und diese als Aussagen formulieren, auch als vergleichende Aussagen • Lernsoftware: „Sachrechnen“, „Daten und Häufigkeit“ • VM TH 1/48*	KV 24 LKV 13

Test 1 g)						
❶ geometrische Grundformen Quadrat, Rechteck und Dreieck in komplexeren Darstellungen erkennen und ausmalen					• in Mustern auf Karopapier geometrische Grundformen erkennen und ausmalen • Lernsoftware: „Flächen auslegen“ • selbst geometrische Grundformen auf Karopapier zeichnen* • LM TH 1/40* bzw. VM TH 1/50* und TH 1/51*	LKV 14
❷ Reihen mit geometrischen Mustern fortsetzen					• in Mustern geometrische Grundformen erkennen und benennen • Muster mit Legeplättchen nachlegen und legen • Reihen aus geometrischen Formen fortsetzen, legen und zeichnen • Lernsoftware: „Flächen auslegen“ • selbst Muster und Reihen aus geometrischen Grundformen legen und zeichnen* • LM TH 1/43* bzw. VM TH 1/54* und TH 1/57*	
❸ die Lagebeziehungen „vor“, „hinter“, „rechts“ und „links“ passend einsetzen					• Gegenstände in Bezug auf andere Gegenstände beschreiben • Gegenstände und Fahrzeuge nach Beschreibungen anordnen • Ansichten von Gegenständen und Gebäuden dem Standort des Betrachters zuordnen*	KV 25 KV 26* LKV 15
❹ achsensymmetrische Figuren erkennen und kennzeichnen					• Achsensymmetrie mithilfe eines Spiegels erkennen • achsensymmetrische Figuren erkennen und ergänzen • die Achsensymmetrie störende Einzelheiten erkennen • Lernsoftware: „Symmetrie“ • Figuren achsensymmetrisch ergänzen* • LM TH 1/48* bzw. VM TH 1/61*, TH 1/62* und TH 1/64*	KV 27 KV 28* LKV 16

Test 2a: Plusaufgaben mit Einern lösen

1 Suche und berechne zuerst die kleine Aufgabe.

a) 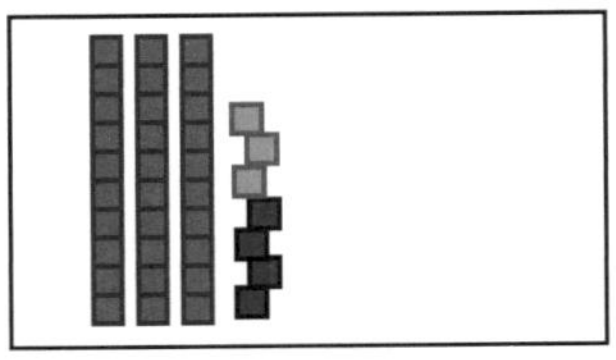

34 + 3 = 37

b) 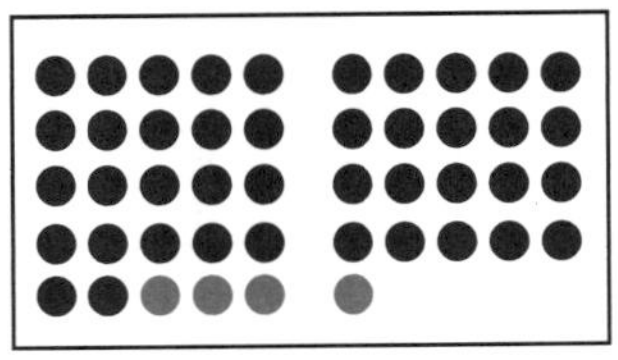

___ + ___ = ___

c) 

___ + ___ = ___

d) 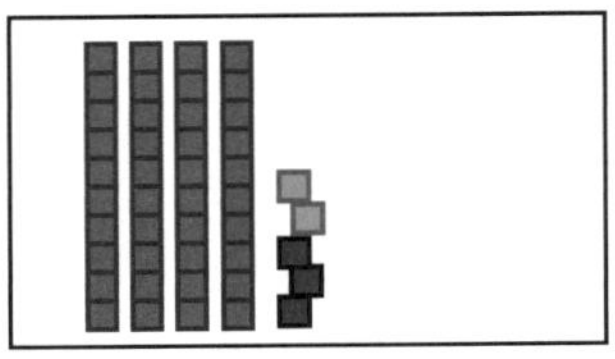

___ + ___ = ___

e) 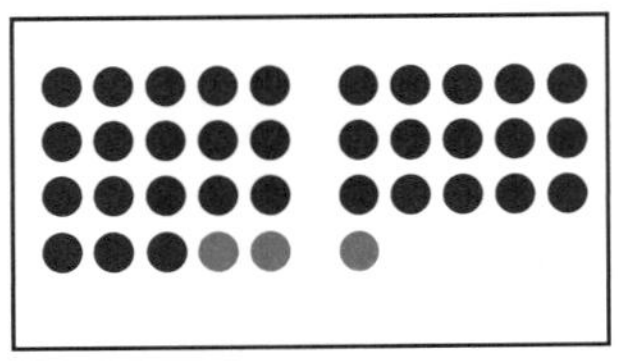

___ + ___ = ___

f) 

___ + ___ = ___

2 Löse die verwandten Aufgaben. Setze die Aufgabenreihen fort.

a) 2 + 5 = 7
12 + 5 = ___
22 + 5 = ___
32 + 5 = ___

b) 3 + 6 = ___
13 + 6 = ___
___ + ___ = ___
___ + ___ = ___

c) 3 + ___ = 7
13 + ___ = 17
___ + ___ = ___
___ + ___ = ___

3 Suche und berechne zuerst die kleine Aufgabe.

a) 6 + 3 = 9
46 + 3 = ___

b) ___ + ___ = ___
82 + 7 = ___

c) ___ + ___ = ___
63 + ___ = 68

4 Finde immer eine verwandte Aufgabe. Schreibe sie auf und löse sie.

a) 5 + 3 = 8
35 + 3 = 38

b) 4 + 5 = ___
___ + ___ = ___

c) 3 + 4 = ___
___ + ___ = ___

5 Berechne zuerst die kleine Aufgabe im Kopf.

a) 62 + 3 = 65
b) 31 + 5 = ___
c) 53 + 4 = ___
d) 84 + 2 = ___
e) 95 + 2 = ___
f) 42 + 8 = ___

Wie kann ich die Aufgabe lösen?
☺ kann ich gut lösen; 😐 kann ich nur zum Teil gut lösen; ☹ kann ich nicht lösen

Test 2b: Minusaufgaben mit Einern lösen

1 Schreibe zu jedem Bild die passende Minusaufgabe und löse sie.

a) 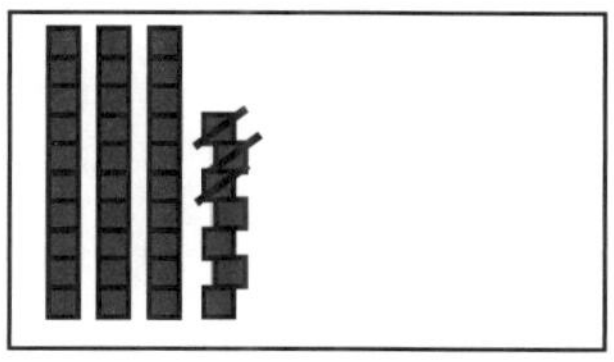

37 – 3 = 34

b) 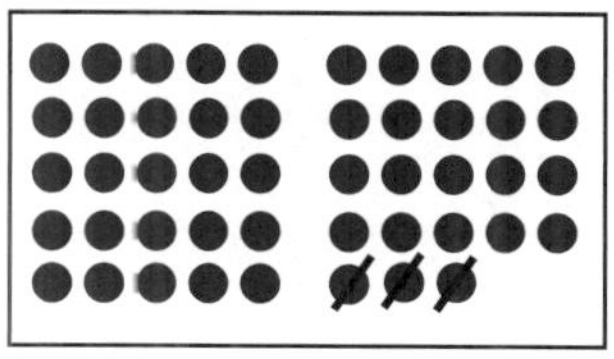

___ – ___ = ___

c) 

___ – ___ = ___

d) 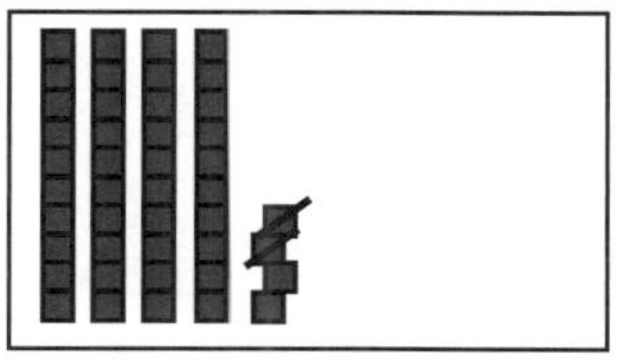

___ – ___ = ___

e) 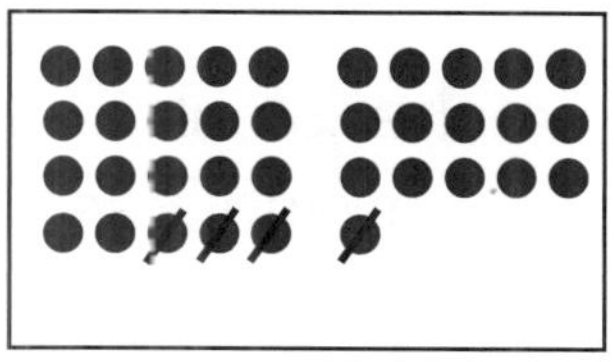

___ – ___ = ___

f) 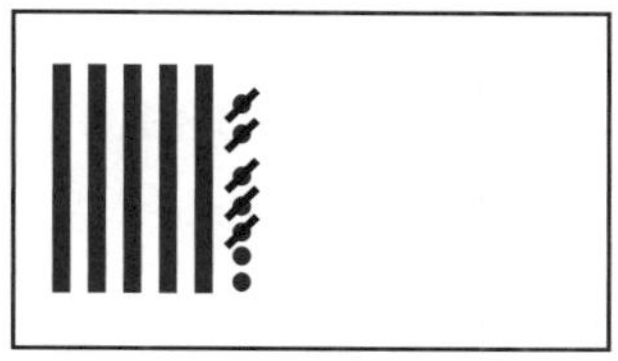

___ – ___ = ___

2 Löse die verwandten Aufgaben. Setze die Aufgabenreihen fort.

a)
7 – 4 = 3
17 – 4 = ___
27 – 4 = ___
37 – 4 = ___

b)
9 – 6 = ___
19 – 6 = ___
___ – ___ = ___
___ – ___ = ___

c)
8 – ___ = 3
18 – ___ = 13
___ – ___ = ___
___ – ___ = ___

3 Suche und berechne zuerst die kleine Aufgabe.

a) 6 – 4 = 2
86 – 4 = ___

b) ___ – ___ = ___
98 – 5 = ___

c) ___ – ___ = ___
69 – 6 = ___

4 Berechne zuerst die kleine Aufgabe im Kopf.

a) 56 – 3 = 53
b) 45 – 4 = ___
c) 89 – 7 = ___
d) 98 – 5 = ___
e) 74 – 3 = ___
f) 90 – 6 = ___

5 Löse die Aufgaben. Kontrolliere selbst mithilfe der Umkehraufgabe.

a) 43 + 5 = 48, denn 48 – 5 = 43
b) 52 + 7 = ___, denn ___
c) 77 – 5 = ___, denn ___
d) 69 – 4 = ___, denn ___

Wie kann ich die Aufgabe lösen?
☺ kann ich gut lösen; 😐 kann ich nur zum Teil gut lösen; ☹ kann ich nicht lösen

Test 2c: Plusaufgaben lösen

1 Schreibe zu jedem Bild die passende Aufgabe auf und löse sie.

a) 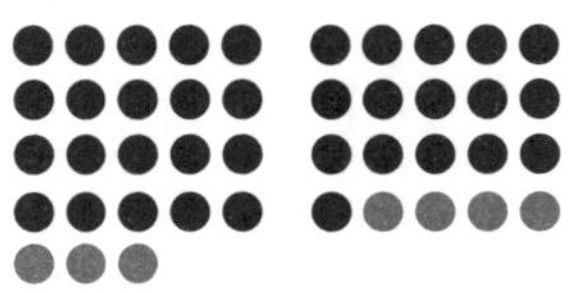

36 + 7 = 43

b) 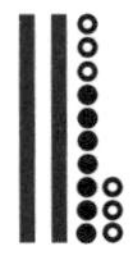

☐ – ☐ = ☐

c) 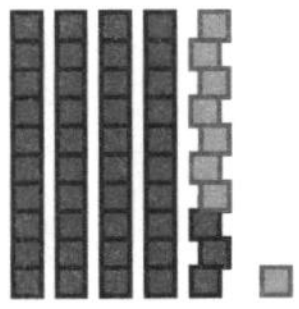

☐ + ☐ = ☐

2 Lies die Plusaufgabe am Rechenstrich ab.
Schreibe die Rechenschritte auf und löse die Aufgaben.

a) 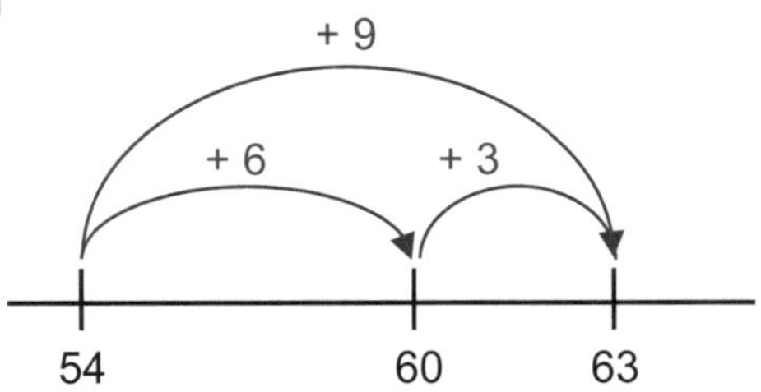

54 + 6 + 3 = ☐

54 + ☐ = ☐

b) 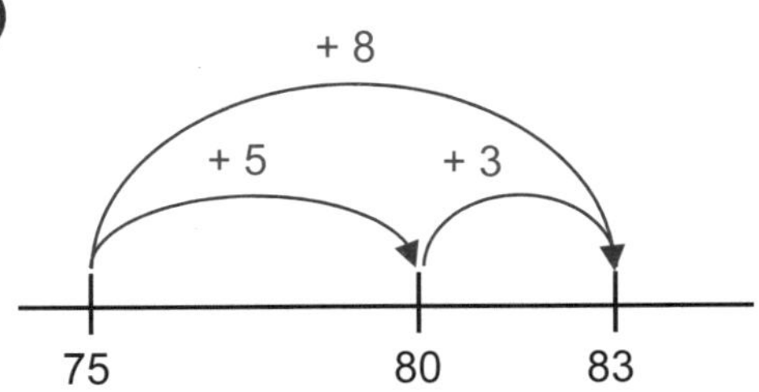

☐ + ☐ + ☐ = ☐

☐ + ☐ = ☐

3 Finde die beiden Rechenschritte.

a) 44 + 8 = ☐
44 + ☐ + ☐ = ☐

b) 76 + 7 = ☐
76 + ☐ + ☐ = ☐

c) 35 + 9 = ☐
35 + ☐ + ☐ = ☐

4 Suche und berechne zuerst die kleine Aufgabe.
Löse dann die Aufgabe.

a) 8 + 7 = 15
38 + 7 = ☐

b) ☐ + ☐ = ☐
76 + 6 = ☐

c) ☐ + ☐ = ☐
69 + 4 = ☐

5 Berechne zuerst die kleine Aufgabe im Kopf.
Löse dann die Aufgabe.

a) 35 + 7 = ☐
37 + 8 = ☐
44 + 7 = ☐

b) 12 + 9 = ☐
87 + 5 = ☐
24 + 8 = ☐

c) 75 + 8 = ☐
56 + 7 = ☐
48 + 9 = ☐

Wie kann ich die Aufgabe lösen?
☺ kann ich gut lösen; 😐 kann ich nur zum Teil gut lösen; ☹ kann ich nicht lösen

Test 2d: Minusaufgaben lösen

1 Schreibe zu jedem Bild die passende Aufgabe auf und löse sie.

a) 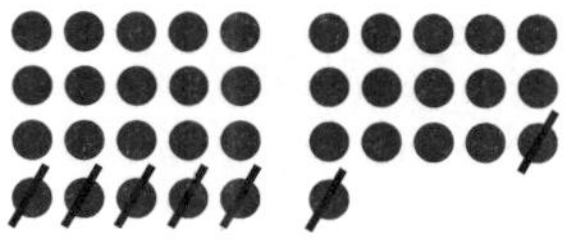

36 – 7 = 29

b) 

☐ – ☐ = ☐

c) 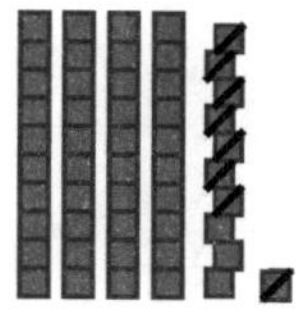

☐ – ☐ = ☐

2 Lies die Minusaufgabe am Rechenstrich ab.
Schreibe die Rechenschritte auf und löse die Aufgaben.

a) 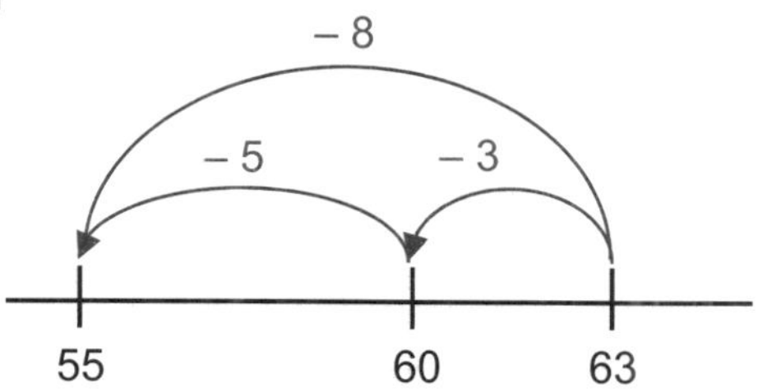

63 – 3 – 5 = ☐

63 – ☐ = ☐

b) 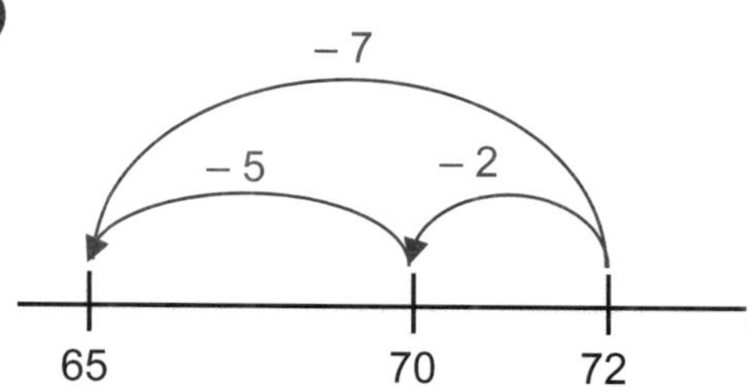

☐ – ☐ – ☐ = ☐

☐ – ☐ = ☐

3 Finde die beiden Rechenschritte.

a) 45 – 8 = ☐
45 – ☐ – ☐ = ☐

b) 36 – 7 = ☐
36 – ☐ – ☐ = ☐

c) 64 – 6 = ☐
64 – ☐ – ☐ = ☐

4 Suche und berechne zuerst die kleine Aufgabe.
Löse dann die Aufgabe.

a) ☐ – ☐ = ☐
75 – 9 = ☐

b) ☐ – ☐ = ☐
56 – 8 = ☐

c) ☐ – ☐ = ☐
34 – 7 = ☐

5 Berechne zuerst die kleine Aufgabe im Kopf.
Löse dann die Aufgabe.

a) 61 – 8 = ☐
54 – 7 = ☐
95 – 6 = ☐

b) 62 – 5 = ☐
43 – 5 = ☐
35 – 8 = ☐

c) 35 – 7 = ☐
56 – 7 = ☐
92 – 6 = ☐

Wie kann ich die Aufgabe lösen?
☺ kann ich gut lösen; 😐 kann ich nur zum Teil gut lösen; ☹ kann ich nicht lösen

Test 2e: Plus- und Minusaufgaben lösen

1 Löse die Aufgaben.

a) 68 + 5 = 73
56 + 8 =
34 + 9 =
67 + 6 =

b) 82 – 6 =
72 – 5 =
53 – 7 =
65 – 8 =

c) 86 + 7 =
42 – 5 =
57 + 6 =
75 – 8 =

☺ 😐 ☹

2 Ergänze die fehlenden Zahlen.

a)

+ 5 →	
38	43
	54
76	
	93

b)

+ 7 →	
	43
84	
	93
55	

c)

– 6 →	
63	
	68
42	
	25

d)

– 8 →	
	38
73	
	27
94	

☺ 😐 ☹

3 Ergänze die Rechentabellen.

a)

+	7		8	
56	63			62
78		83		

b)

–	5			8
43	38		39	
92		85		

☺ 😐 ☹

4 Finde die drei falschen Ergebnisse und verbessere sie.
Kontrolliere dazu mit der Umkehraufgabe.

84 – 8 = 76, denn 76 + 8 = ______
78 + 7 = 82, denn ______
47 + 6 = 53, denn ______
42 – 5 = 35, denn ______
61 – 4 = 65, denn ______

☺ 😐 ☹

© 2014 Cornelsen Schulverlage GmbH, Berlin.
Alle Rechte vorbehalten.

Wie kann ich die Aufgabe lösen?
☺ kann ich gut lösen; 😐 kann ich nur zum Teil gut lösen; ☹ kann ich nicht lösen

Test 2f: Fragen und Antworten finden

1 Kreuze die Fragen an, die zu der Rechengeschichte passen. ☺ 😐 ☹

Der Vater hat auf dem Jahrmarkt 12 Lose gekauft. Jedes seiner 3 Kinder bekommt 4 Lose.

- ◯ F: Was hat der Vater gewonnen?
- ◯ F: Was hat der Vater gekauft?
- ◯ F: Wie viele Kinder hat der Vater?
- ◯ F: Wer war alles auf dem Jahrmarkt?
- ◯ F: Wie viele Lose bekommt jedes Kind?
- ◯ F: Wie viele Nieten wurden gezogen?

2 Kreuze die passende Antwort an. ☺ 😐 ☹

Im Schwimmbad sind insgesamt 25 Kinder. 9 der Kinder sind im Nichtschwimmerbecken. Die anderen sind im Schwimmerbecken.

F: Wie viele Kinder sind im Schwimmerbecken?

R: 25 – 9 = 16

- ◯ A: 25 Kinder sind im Schwimmbad.
- ◯ A: 9 Kinder sind im Nichtschwimmerbecken.
- ◯ A: Im Schwimmerbecken sind 16 Kinder mehr.
- ◯ A: Im Schwimmerbecken sind 16 Kinder.

3 Finde selbst eine passende Frage oder Antwort. ☺ 😐 ☹

a) Lisa hat 26 Tierpostkarten. Ihre Freundin Lea hat 8 mehr.

F: ______________________________

R: 26 + 8 = 34

A: Lea hat 34 Tierpostkarten.

b) Tim hat 9 Tierpostkarten. Tom hat 32.

F: Wie viele Tierpostkarten hat Tom mehr als Tim?

R: 32 – 9 = 23

A: ______________________________

Wie kann ich die Aufgabe lösen?
☺ kann ich gut lösen; 😐 kann ich nur zum Teil gut lösen; ☹ kann ich nicht lösen

Test 2g: Kalender

❶ Nummeriere die Monatsnamen in der richtigen Reihenfolge.

Januar:	1	Juni:		März:		Dezember:	
April:		November:		August:		Juli:	
Februar:		September:		Mai:		Oktober:	

☺ 😐 ☹

❷ Schreibe die Nachbarmonate auf.

a) März ______, April, ______

b) ______, Juli, ______

c) ______, Dezember, ______

d) ______, September, ______

☺ 😐 ☹

❸ Schreibe auf, wie viele Tage die Monate haben.

a) Oktober: 31 Tage b) März: ___ Tage c) Juli: ___ Tage

d) August: ___ Tage e) Januar: ___ Tage f) Mai: ___ Tage

☺ 😐 ☹

❹ Schreibe das Datum mit Zahlen auf.

a) 5. Januar: 5.1. b) 17. Januar: ______ c) 10. August: ______

☺ 😐 ☹

❺ Schreibe den Monatsnamen als Wort.

a) 8.2.: 8. Februar b) 10.9.: ______ c) 6.11.: ______

☺ 😐 ☹

❻ Schreibe die Wochentage in der richtigen Reihenfolge auf.

	Donnerstag	~~Montag~~	Freitag
Dienstag	Samstag	Mittwoch	Sonntag

Montag, ______

______

☺ 😐 ☹

Wie kann ich die Aufgabe lösen?
☺ kann ich gut lösen; 😐 kann ich nur zum Teil gut lösen; ☹ kann ich nicht lösen

Diagnosebogen zu den Tests zum Themenheft 2

HRU: Allgemeine Hinweise, Anregungen für den Unterricht, individuelle Förderung, Arbeit im Plenum S. 127–135
Kompetenzraster Kom Ü1–Ü2; Beobachtungsbögen „Allgemeine mathematische Kompetenzen“ BBK; Kompetenzbögen Kom 2a–2e; Beobachtungsbögen BB 2a–2c; Tests 2a–2g; Tests mit besonderen Anforderungen (mbA) 2a–2c; Lehrerkopiervorlagen (LKV) 17–30
Kopiervorlagen (KV) 29–66
Lernsoftware Interaktive Übungen: „Rechnen mit Plus und Minus bis 100“, „Sachrechnen“, „Zeit“

s = sicher; **ü** = überwiegend sicher; **t** = teilweise; **n** = noch nicht

…………………………………………… kann	**s**	**ü**	**t**	**n**	Förderhinweise; Forderhinweise*/Verwendung von Material	KV/LKV
Test 2 a)						
❶ Plusaufgaben mit Einern über den Zusammenhang mit der „kleinen Aufgabe“ lösen					• Aufgaben mit Steckwürfeln, Wendeplättchen/Zehnerstreifen und Rechengeld (Kartonbeilagen) legen oder auf der Hundertertafel und dem Zahlenstrahl (Kartonbeilagen) zeigen • Zahlenkärtchen und Rechenzeichen zuordnen • Zusammenhang mit der „kleinen Aufgabe“ finden und beschreiben • verwandte Aufgaben lösen • Lernsoftware: „Bekannte und neue Aufgaben“, „Plus und Minus ohne Zehnerübergang“ • LM TH 2/7* bzw. VM TH 2/8*	KV 29, KV 30, KV 31, KV 211, KV 212 LKV 17
❷ verwandte Plusaufgaben bilden und lösen					• die „kleine Aufgabe“ lösen • dazu die verwandten Aufgaben bilden und lösen • verwandte Aufgabenreihen legen, zeichnen und rechnen • Lernsoftware: „Bekannte und neue Aufgaben“, „Plus und Minus ohne Zehnerübergang“ • eigene Aufgabenreihen mit verwandten Aufgaben bilden und lösen* • LM TH 2/12* bzw. VM TH 2/14*	KV 31, KV 32, KV 211, KV 212 LKV 17
❸ zuerst die „kleinen Aufgaben“ finden und lösen, dann die „großen Aufgaben“ lösen					• die „kleine Aufgabe“ finden und lösen • dann die verwandte Aufgabe lösen • Lernsoftware: „Bekannte und neue Aufgaben“, „Plus und Minus ohne Zehnerübergang“ • weitere verwandte Aufgaben bilden und lösen* • LM TH 2/12* bzw. VM TH 2/14*	KV 31, KV 32, KV 211, KV 212 LKV 18
❹ zuerst die „kleinen Aufgaben“ lösen, dann dazu die „großen Aufgaben“ finden und lösen					• die „kleine Aufgabe“ lösen • dazu die verwandte Aufgabe bilden und lösen • Lernsoftware: „Bekannte und neue Aufgaben“, „Plus und Minus ohne Zehnerübergang“ • LM TH 2/12* bzw. VM TH 2/14*	KV 31, KV 32, KV 33, KV 34, KV 211, KV 212 LKV 18

.... kann	s	ü	t	n	Förderhinweise; Forderhinweise*/Verwendung von Material	KV/LKV
❺ zuerst die „kleinen Aufgaben" im Kopf berechnen, dann die „großen Aufgaben" lösen					• die „kleine Aufgabe" im Kopf lösen • dann die verwandte Aufgabe lösen • Kopfrechenübungen mit „kleinen Aufgaben" durchführen • Lernsoftware: „Bekannte und neue Aufgaben", „Plus und Minus ohne Zehnerübergang" • LM TH 2/12* bzw. VM TH 2/14*	KV 29, KV 31, KV 32, KV 33, KV 34, KV 211, KV 212 LKV 18
Test 2 b)						
❶ Minusaufgaben mit Einern über den Zusammenhang mit der „kleinen Aufgabe" lösen					• Aufgaben mit Steckwürfeln, Wendeplättchen/Zehnerstreifen und Rechengeld (Kartonbeilagen) legen oder auf der Hundertertafel und dem Zahlenstrahl (Kartonbeilagen) zeigen • Zahlenkärtchen und Rechenzeichen zuordnen • Zusammenhang mit der „kleinen Aufgabe" finden und beschreiben • verwandte Aufgaben lösen • Lernsoftware: „Bekannte und neue Aufgaben", „Plus und Minus ohne Zehnerübergang" • LM TH 2/15* bzw. VM TH 2/17*	KV 35, KV 36, KV 37, KV 211, KV 212 LKV 19
❷ verwandte Minusaufgaben bilden und lösen					• die „kleine Aufgabe" lösen • dazu die verwandten Aufgaben bilden und lösen • verwandte Aufgabenreihen legen, zeichnen und rechnen • Lernsoftware: „Bekannte und neue Aufgaben", „Plus und Minus ohne Zehnerübergang" • eigene Aufgabenreihen mit verwandten Aufgaben bilden und lösen* • LM TH 2/20* bzw. VM TH 2/23*	KV 37, KV 38, KV 211, KV 212 KV 44* LKV 20
❸ zuerst die „kleinen Aufgaben" finden und lösen, dann die „großen Aufgaben" lösen					• die „kleine Aufgabe" finden und lösen • dann die verwandte Aufgabe lösen • Lernsoftware: „Bekannte und neue Aufgaben", „Plus und Minus ohne Zehnerübergang" • weitere verwandte Aufgaben bilden und lösen* • LM TH 2/20* bzw. VM TH 2/23*	KV 37, KV 38, KV 211, KV 212 LKV 20
❹ zuerst die „kleinen Aufgaben" im Kopf berechnen, dann die „großen Aufgaben" lösen					• die „kleine Aufgabe" im Kopf lösen • dann die verwandte Aufgabe lösen • Kopfrechenübungen mit „kleinen Aufgaben" durchführen • Lernsoftware: „Bekannte und neue Aufgaben", „Plus und Minus ohne Zehnerübergang" • LM TH 2/20* bzw. VM TH 2/23*	KV 37, KV 38, KV 39, KV 40, KV 211, KV 212 KV 41*, KV 42*
❺ zuerst die Minusaufgaben lösen, dann mithilfe der Umkehraufgaben kontrollieren					• zuerst die Minusaufgabe lösen • dann die Lösung mithilfe der Umkehraufgabe kontrollieren • Lernsoftware: „Bekannte und neue Aufgaben", „Plus und Minus ohne Zehnerübergang" • selbst Minusaufgaben bilden und mit den Umkehraufgaben überprüfen*	KV 43 LKV 21

Test 2 c)						
❶ zu Plusaufgaben mit Zehnerübergang in verschiedenen Darstellungen die passenden Aufgaben schreiben und lösen					• Aufgaben auf der Handlungsebene lösen, z. B. mit Steckwürfeln, Wendeplättchen/Zehnerstreifen und Rechengeld (Kartonbeilagen) legen • Aufgaben auf der bildlichen Ebene, z. B. mit Strich-Punkt-Darstellung, Rechenstrich usw., lösen oder auf der Hundertertafel/dem Hunderterfeld bzw. dem Zahlenstrahl (Kartonbeilagen) zeigen • Aufgaben auf verschiedene Weise lösen und Lösungswege beschreiben • Lernsoftware: „Plusaufgaben mit Zehnerübergang“ • eigene Aufgaben legen, darstellen und lösen*	KV 45, KV 213, KV 214, KV 215 LKV 25*
❷ zu Plusaufgaben mit Zehnerübergang am Rechenstrich die Rechenschritte aufschreiben und die Aufgaben lösen					• Aufgaben auf dem Rechenstrich ablesen und lösen • Rechenschritte beschreiben und aufschreiben • Zerlegung des zweiten Summanden zum Ergänzen zum nächsten Zehner üben • Lernsoftware: „Plusaufgaben mit Zehnerübergang“ • eigene Aufgaben am Rechenstrich darstellen und lösen*	KV 46, KV 214, KV 215 LKV 25*
❸ zu Plusaufgaben mit Zehnerübergang die Rechenschritte finden und die Aufgaben lösen					• Rechenschritte finden und die Aufgabe lösen • Rechenschritte beschreiben und aufschreiben • Zerlegung des zweiten Summanden zum Ergänzen zum nächsten Zehner üben • Lernsoftware: „Plusaufgaben mit Zehnerübergang“ • eigene Aufgaben stellen und in Rechenschritten lösen*	KV 46, KV 215 LKV 25
❹ zuerst die „kleinen Aufgaben“ finden und berechnen, dann die „großen Aufgaben“ lösen					• die „kleine Aufgabe“ finden und lösen • dann die verwandte Aufgabe lösen • Lernsoftware: „Plusaufgaben mit Zehnerübergang“ • weitere verwandte Aufgaben bilden und lösen*	KV 47, KV 48, KV 49, KV 212 LKV 22
❺ zuerst die „kleinen Aufgaben“ im Kopf berechnen, dann die „großen Aufgaben“ lösen					• die „kleine Aufgabe“ im Kopf lösen • dann die verwandte Aufgabe lösen • Kopfrechenübungen mit „kleinen Aufgaben“ durchführen • Lernsoftware: „Plusaufgaben mit Zehnerübergang“	KV 47, KV 48, KV 49, KV 51, KV 52 KV 55* LKV 22

.... kann	s	ü	t	n	Förderhinweise; Forderhinweise*/Verwendung von Material	KV/LKV
Test 2 d)						
❶ zu Minusaufgaben mit Zehnerübergang in verschiedenen Darstellungen die passenden Aufgaben schreiben und lösen					• Aufgaben auf der Handlungsebene lösen, z. B. mit Steckwürfeln, Wendeplättchen/Zehnerstreifen und Rechengeld (Kartonbeilagen) legen • Aufgaben auf der bildlichen Ebene, z. B. mit Strich-Punkt-Darstellung, Rechenstrich usw., lösen oder auf der Hundertertafel/dem Hunderterfeld bzw. dem Zahlenstrahl (Kartonbeilagen) zeigen • Aufgaben auf verschiedene Weise lösen und Lösungswege beschreiben • Lernsoftware: „Minusaufgaben mit Zehnerübergang" • eigene Aufgaben legen, darstellen und lösen*	KV 45, KV 213, KV 214, KV 216 LKV 26*
❷ zu Minusaufgaben mit Zehnerübergang am Rechenstrich die Rechenschritte aufschreiben und die Aufgaben lösen					• Aufgaben auf dem Rechenstrich ablesen und lösen • Rechenschritte beschreiben und aufschreiben • Zerlegung des zweiten Subtrahenden nach dem Rechnen zum Zehner üben • Lernsoftware: „Minusaufgaben mit Zehnerübergang" • eigene Aufgaben am Rechenstrich darstellen und lösen*	KV 46, KV 214, KV 216 LKV 26
❸ zu Minusaufgaben mit Zehnerübergang die Rechenschritte finden und die Aufgaben lösen					• Rechenschritte finden und die Aufgabe lösen • Rechenschritte beschreiben und aufschreiben • Zerlegung des zweiten Subtrahenden nach dem Rechnen zum Zehner üben • Lernsoftware: „Minusaufgaben mit Zehnerübergang" • eigene Aufgaben stellen und in Rechenschritten lösen*	KV 46, KV 216 LKV 26
❹ zuerst die „kleinen Aufgaben" finden und berechnen, dann die „großen Aufgaben" lösen					• die „kleine Aufgabe" finden und lösen • dann die verwandte Aufgabe lösen • Lernsoftware: „Minusaufgaben mit Zehnerübergang" • weitere verwandte Aufgaben bilden und lösen*	KV 47, KV 48, KV 49, KV 212 LKV 23, LKV 24
❺ zuerst die „kleinen Aufgaben" im Kopf berechnen, dann die „großen Aufgaben" lösen					• die „kleine Aufgabe" im Kopf lösen • dann die verwandte Aufgabe lösen • Kopfrechenübungen mit „kleinen Aufgaben" durchführen • Lernsoftware: „Minusaufgaben mit Zehnerübergang"	KV 47, KV 48, KV 49, KV 53 LKV 23, LKV 24
Test 2 e)						
❶ Plus- und Minusaufgaben mit Zehnerübergang lösen					• Aufgaben mit dem eigenen Rechenweg lösen und diesen beschreiben • Lernsoftware: „Plus und Minus mit Zehnerübergang" • eigene Aufgaben finden und lösen* • LM TH 2/41* bzw. VM TH 2/46*	KV 51, KV 52, KV 53, KV 54 KV 55*

❷ bei Aufgaben in Operatorschreibweise die fehlenden Zahlen bestimmen					• fehlende Zahlen bestimmen und dabei das Vorgehen beschreiben • Umkehraufgaben bilden und nutzen • Lernsoftware: „Plus und Minus mit Zehnerübergang“ • weitere Aufgaben finden und lösen*	KV 50
❸ Rechentabellen mit Plus- und Minusaufgaben ergänzen					• fehlende Zahlen ergänzen und dabei das Vorgehen beschreiben • Aufgaben mit dem eigenen Rechenweg lösen • bei Notwendigkeit Umkehraufgaben bilden und nutzen • Lernsoftware: „Plus und Minus mit Zehnerübergang“	KV 50
❹ bei Plus- und Minusaufgaben falsche Ergebnisse finden und verbessern; mit der Umkehraufgabe kontrollieren					• Aufgaben durch Rechnen überprüfen • falsche Ergebnisse besprechen und korrigieren • dann mit den Umkehraufgaben kontrollieren • Lernsoftware: „Plus und Minus mit Zehnerübergang“ • LM TH 2/43* bzw. VM TH 2/48*	KV 51, KV 52, KV 53, KV 54 KV 55*
Test 2 f)						
❶ Rechengeschichten passende Fragen zuordnen					• einer Rechengeschichte aus einer Auswahl die passende Frage zuordnen • zu Begebenheiten mehrere Fragen finden und vergleichen • Lernsoftware: „Sachrechnen“ • zu Sachaufgaben selbst Fragen finden* • LM TH 2/45* bzw. VM TH 2/50*	KV 56 KV 59* LKV 27
❷ Rechengeschichten passende Antworten zuordnen					• einer Rechengeschichte aus einer Auswahl die passende Antwort zuordnen • zu Fragen bei Rechengeschichten verschiedene Antworten finden und vergleichen • Lernsoftware: „Sachrechnen“ • zu Sachaufgaben selbst Fragen und Antworten finden* • LM TH 2/49* bzw. VM TH 2/55*	KV 57 LKV 28
❸ zu Rechengeschichten selbst die passende Frage oder Antwort finden					• zu Rechengeschichten selbst die passende Frage oder Antwort finden • Lernsoftware: „Sachrechnen“ • zu eigenen Sachaufgaben selbst Fragen und Antworten finden* • LM TH 2/49* bzw. VM TH 2/55*	KV 57 KV 58* LKV 29
Test 2 g)						
❶ Monatsnamen in der richtigen Reihenfolge nummerieren					• verschiedene Kalender betrachten und kennenlernen • die Monatsnamen kennen und in der richtigen Reihenfolge ordnen • den Monaten die entsprechende Monatsnummer zuordnen • Kärtchen mit Monatsnamen und Monatsnummer nutzen • Lernsoftware: „Zeit“	KV 60 LKV 30

.... kann	s	ü	t	n	Förderhinweise; Forderhinweise*/Verwendung von Material	KV/LKV
					•	
❷ Monaten die beiden Nachbarmonate zuordnen					• auf Kalendern Monate und ihre Nachbarmonate bestimmen • Kärtchen mit Monatsnamen legen • Lernsoftware: „Zeit“	KV 60 LKV 30
❸ Monaten die Anzahl der Tage zuordnen					• auf Kalendern die Anzahl der Tage in den einzelnen Monaten bestimmen • Kärtchen mit Monatsnamen und Anzahl der Tage zuordnen • Lernsoftware: „Zeit“	KV 61, KV 62, KV 66 LKV 30
❹ einem Datum in Langform die Kurzform zuordnen					• ein Datum auf Kalendern bestimmen • dem Datum in Langform das Datum in Kurzform zuordnen • Kärtchen mit Tageszahl und Monatsnamen Kärtchen mit Tageszahl und Monatsnummer zuordnen • Lernsoftware: „Zeit“ • eigene Datums-Aufgaben stellen* • LM TH 1/54* bzw. VM TH 1/60* und TH 1/61*	KV 61, KV 62, KV 66 KV 65* LKV 30
❺ einem Datum in Kurzform die Langform zuordnen					• ein Datum auf Kalendern bestimmen • dem Datum in Kurzform das Datum in Langform zuordnen • Kärtchen mit Tageszahl und Monatsnummer Kärtchen mit Tageszahl und Monatsnamen zuordnen • Lernsoftware: „Zeit“ • eigene Datums-Aufgaben stellen* • LM TH 1/54* bzw. VM TH 1/60* und TH 1/61*	KV 61, KV 62 KV 65* LKV 30
❻ die Wochentage in der richtigen Reihenfolge aufschreiben					• die Wochentage in der richtigen Reihenfolge nennen und aufschreiben • Kärtchen mit Wochentagen ordnen • Wochentage auf dem Kalender ablesen • Lernsoftware: „Zeit“ • LM TH 1/56* bzw. VM TH 1/64*	KV 63*, KV 64*, KV 65* LKV 30

Test 3a: Malaufgaben erkennen und darstellen

1 Schreibe zu jedem Bild die Plusaufgabe und die Malaufgabe.

a)
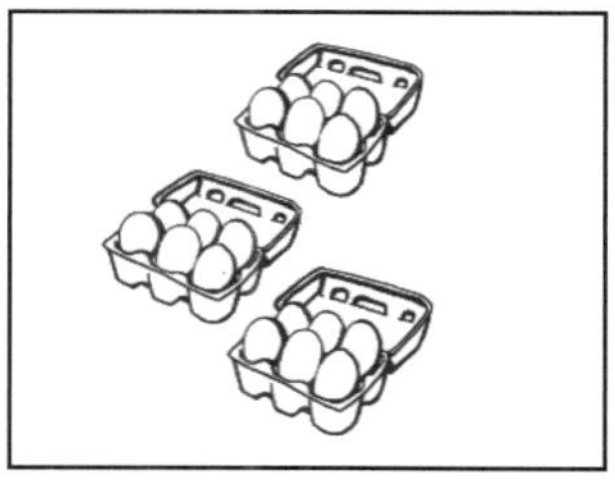

6 + 6 + 6 = 18

3 · 6 = 18

b)
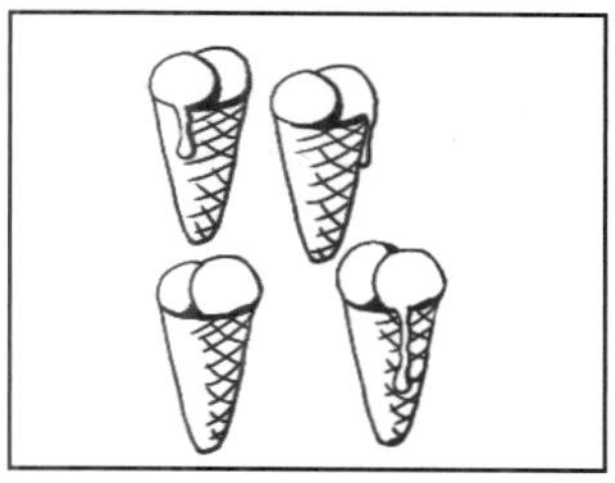

______

______

c)
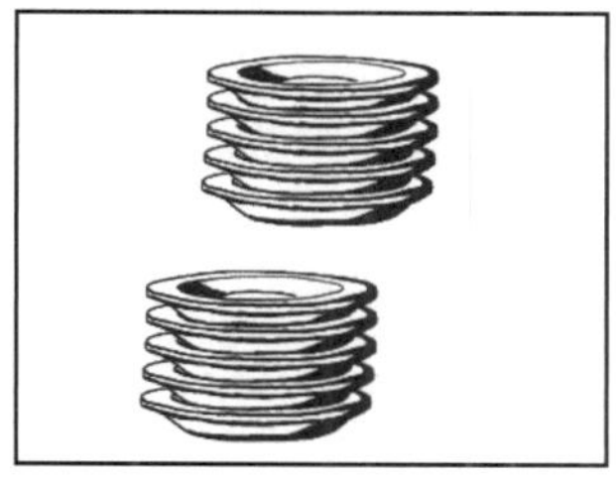

______

______

2 Schreibe zu jedem Punktebild die Plusaufgabe und die Malaufgabe.

a)
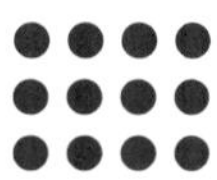

4 + 4 + 4 = 12

3 · 4 = 12

b)

______

______

c)

______

______

3 Zeichne passende Punktebilder. Schreibe die Plusaufgabe dazu.
Löse dann die Plus- und die Malaufgabe.

a)
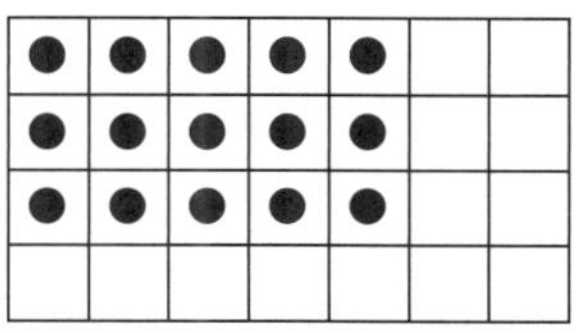

5 + 5 + 5 = 15

3 • 5 = 15

b)
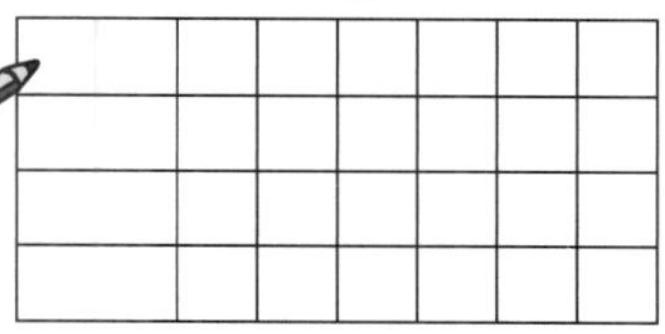

______

2 • 7 = ___

c)
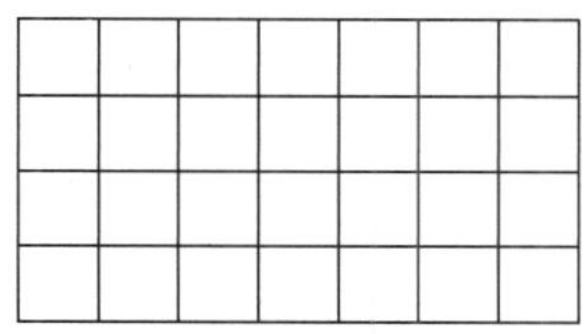

______

4 • 3 = ___

4 Schreibe zu jedem Punktebild die Malaufgabe und die Tauschaufgabe.

a)
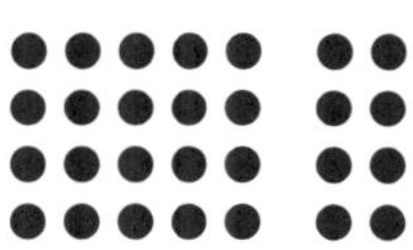

4 • 7 = 28

7 • 4 = 28

b)

___ • ___ = ___

___ • ___ = ___

c)

___ • ___ = ___

___ • ___ = ___

Wie kann ich die Aufgabe lösen?
☺ kann ich gut lösen; 😐 kann ich nur zum Teil gut lösen; ☹ kann ich nicht lösen

Test 3b: Mit Malaufgaben umgehen

1 Schreibe die Zerlegungsaufgabe und die Malaufgabe auf.

a) 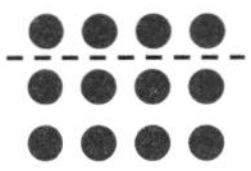

$1 \cdot 4 + 2 \cdot 4 = 3 \cdot 4$

b) 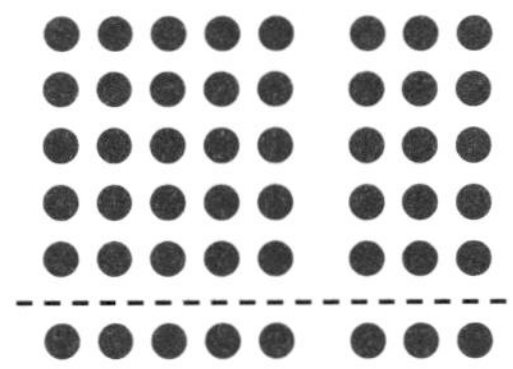

____

c) 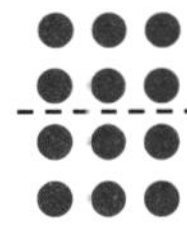

____

d) $5 \cdot 4 + 1 \cdot 4 = \square \cdot \square$

e) $5 \cdot 8 + 2 \cdot 8 = \square \cdot \square$

2 Schreibe die Verdopplungsaufgabe auf.
Löse die Aufgabe.

a) 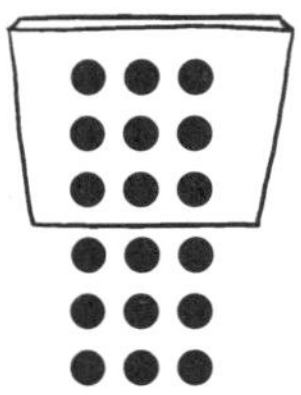

$3 \cdot 3 + 3 \cdot 3 = 6 \cdot 3$

$9 + 9 = 18$

b) 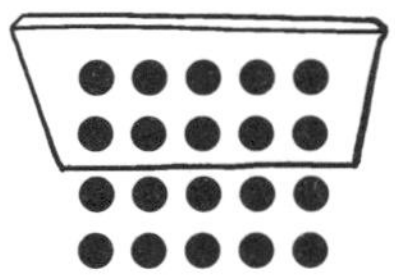

____

____

c) 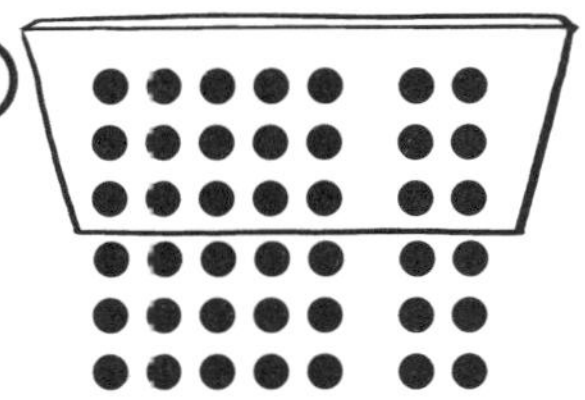

____

____

d) 

$4 \cdot 2 + 4 \cdot 2 = 4 \cdot 4$

$8 + 8 = 16$

e) 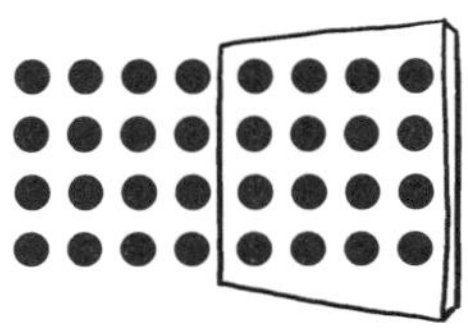

____

____

f) 

____

____

3 Schreibe die beiden Nachbaraufgaben auf. Löse die Aufgaben.

a) $4 \cdot 6$

$4 \cdot 6 - 1 \cdot 6 = 3 \cdot 6$

$24 - 6 = 18$

$4 \cdot 6 + 1 \cdot 6 = 5 \cdot 6$

$24 + 6 = 30$

b) $3 \cdot 4$

____

____

____

____

c) $2 \cdot 7$

____

____

____

____

Wie kann ich die Aufgabe lösen?
☺ kann ich gut lösen; 😐 kann ich nur zum Teil gut lösen; ☹ kann ich nicht lösen

Test 3c: Aufgaben aus dem Einmaleins mit 1, 2, 5 und 10 lösen

1 Ergänze die Rechentabellen.

☺ 😐 ☹

a)

• 1 →	
2	2
	5
9	
7	
	4

b)

• 2 →	
3	
	12
9	
	10
7	

c)

• 5 →	
1	
	30
4	
	35
9	

d)

• 10 →	
3	
	50
2	
8	
	90

2 Löse die Aufgaben aus dem Einmaleins mit 1, 2, 5 und 10.

☺ 😐 ☹

a) 2 • 5 = 10
6 • 10 = ▢
9 • 2 = ▢
1 • 10 = ▢
5 • 5 = ▢

b) 3 • 5 = ▢
2 • 10 = ▢
5 • 1 = ▢
9 • 5 = ▢
7 • 5 = ▢

c) 4 • 5 = ▢
7 • 2 = ▢
3 • 2 = ▢
8 • 5 = ▢
9 • 1 = ▢

d) 8 • ▢ = 8
6 • ▢ = 30
5 • ▢ = 10
3 • ▢ = 30
4 • ▢ = 40

e) ▢ • 2 = 12
▢ • 1 = 7
▢ • 10 = 50
▢ • 5 = 50
▢ • 2 = 8

f) 80 = ▢ • 10
16 = ▢ • 2
20 = ▢ • 2
9 = ▢ • 1
5 = ▢ • 5

3 Rechne mit den Kernaufgaben.

☺ 😐 ☹

a) Zusammenzählen

1 • 5 + 5 • 5 = 6 • 5
5 + 25 = 30

2 • 2 + 1 • 2 = 3 • 2
▢ + ▢ = ▢

b) Abziehen

5 • 2 – 2 • 2 = 3 • 2
▢ – ▢ = ▢

10 • 5 – 2 • 5 = 8 • 5
▢ – ▢ = ▢

c) Verdoppeln

2 • 5 = ▢
4 • 5 = ▢
8 • 5 = ▢

Wie kann ich die Aufgabe lösen?
☺ kann ich gut lösen; 😐 kann ich nur zum Teil gut lösen; ☹ kann ich nicht lösen

Test 3d: Aufgaben aus dem Einmaleins mit 4, 8, 3, 6, 9 und 7 lösen

1 Löse die Aufgaben aus dem Einmaleins mit 4, 8, 3, 6, 9 und 7.

a)
2 • 3 = 6
9 • 4 = ___
3 • 6 = ___
2 • 9 = ___
10 • 7 = ___

b)
5 • 9 = ___
4 • 7 = ___
6 • 8 = ___
7 • 4 = ___
8 • 8 = ___

c)
5 • 3 = ___
4 • 4 = ___
6 • 9 = ___
7 • 6 = ___
8 • 7 = ___

d)
___ • 6 = 30
___ • 8 = 16
___ • 4 = 20
___ • 7 = 42

e)
___ • 6 = 54
___ • 8 = 40
___ • 9 = 27
___ • 3 = 21

f)
___ • 9 = 36
___ • 6 = 24
___ • 8 = 24
___ • 9 = 72

2 Fülle die Tabellen aus.

a) An jedem Tisch sitzen 4 Kinder.

Tische	2	5		7			8
Kinder	8		40		24	16	

b) Eine Spinne hat 8 Beine.

Spinnen	2	1		4	8		7
Beine		8	48			40	

3 Finde zu jeder Ergebniszahl 3 Aufgaben. Schreibe die Aufgaben auf.

24
___ • ___
___ • ___
___ • ___

40
___ • ___
___ • ___
___ • ___

18
___ • ___
___ • ___
___ • ___

36
___ • ___
___ • ___
___ • ___

Wie kann ich die Aufgabe lösen?
☺ kann ich gut lösen; 😐 kann ich nur zum Teil gut lösen; ☹ kann ich nicht lösen

Test 3e: Geteiltaufgaben erkennen

1 Schreibe zu jedem Bild eine Geteiltaufgabe und löse sie.

☺ 😐 ☹

a) Es sind 12 Brötchen. Immer 4 werden in einen Korb gepackt.

12 : 4 = 3

b) Es sind 20 Birnen. Immer 5 werden in eine Tüte gepackt.

___ : ___ = ___

c)

___ : ___ = ___

d)

___ : ___ = ___

2 Zeichne passende Rechenbilder und löse die Aufgaben.

☺ 😐 ☹

a) 16 Kekse werden auf 4 Teller verteilt.

16 : 4 = 4

b) 14 Törtchen werden auf 2 Backbleche verteilt.

___ : ___ = ___

c)

___ : ___ = ___

d)

___ : ___ = ___

Wie kann ich die Aufgabe lösen?
☺ kann ich gut lösen; 😐 kann ich nur zum Teil gut lösen; ☹ kann ich nicht lösen

Test 3f: Geteiltaufgaben und Geteiltaufgaben mit Rest lösen

1 Löse die Aufgaben. ☺ 😐 ☹

a)
36 : 4 = 9
18 : 2 = ☐
42 : 7 = ☐
30 : 6 = ☐
24 : 3 = ☐
64 : 8 = ☐

b)
72 : ☐ = 8
20 : ☐ = 5
80 : ☐ = 10
45 : ☐ = 9
8 : ☐ = 1
36 : ☐ = 6

c)
☐ : 3 = 5
☐ : 5 = 7
☐ : 7 = 8
☐ : 4 = 4
☐ : 6 = 7
☐ : 9 = 8

2 Löse die Geteiltaufgaben. ☺ 😐 ☹
Kontrolliere deine Ergebnisse mit der Umkehraufgabe.

a) 54 : 6 = 9, denn 9 • 6 = 54
b) 42 : 7 = ☐, denn ☐ • 7 = 42
c) 28 : 4 = ☐, denn ☐ • 4 = 28

3 Zeichne Punktebilder und löse die Aufgaben. ☺ 😐 ☹

a) 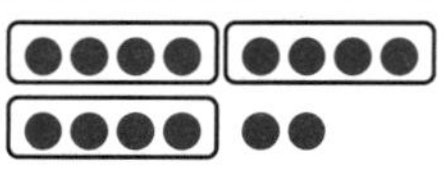
14 : 4 = 3 Rest 2

b) 12 : 5 = ☐ Rest ☐

c) 16 : 3 = ☐ Rest ☐

d) 13 : 6 = ☐ Rest ☐

4 Löse die Aufgaben. ☺ 😐 ☹

a) 20 : 5 = 4
22 : 5 = 4 Rest 2

b) 27 : 3 = ☐
29 : 3 = ☐ Rest ☐

c) 37 : 4 = ☐ Rest ☐

d) 32 : 10 = ☐ Rest ☐

e) 37 : 5 = ☐ Rest ☐

f) 48 : 9 = ☐ Rest ☐

Wie kann ich die Aufgabe lösen?
☺ kann ich gut lösen; 😐 kann ich nur zum Teil gut lösen; ☹ kann ich nicht lösen

Test 3g: Sachaufgaben lösen – Rechenbilder finden

1 Zeichne zu jeder Rechengeschichte ein Punktebild.
Schreibe die passende Aufgabe dazu.

a) 15 Kinder werden in 3 Gruppen verteilt.

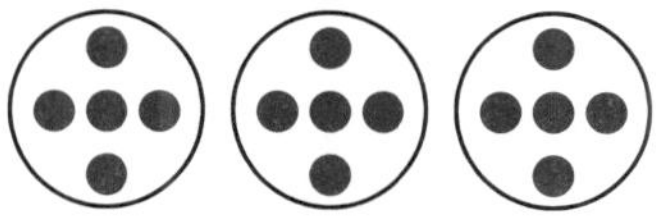

Rechnung: ____________________

b) Der Bäcker verpackt Brötchen in 7 Tüten. In jeder Tüte sind 6 Brötchen.

Rechnung: ____________________

c) Lisa baut aus 20 Steckwürfeln Fünfertürme.

Rechnung: ____________________

d) Tim verteilt 24 Spielkarten an 4 Kinder.

Rechnung: ____________________

2 Zeichne zu jeder Rechengeschichte ein Punktebild und schreibe die Aufgabe dazu. Schreibe einen passenden Antwortsatz.

a) Auf dem Backblech liegen in 3 Reihen Muffins. In jeder Reihe sind es 4.
Wie viele Muffins sind es?

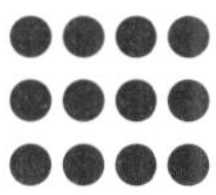

Rechnung: ____________________

Antwort: ____________________

____

b) Der Vater hat insgesamt 32 CDs. In jedes Fach des CD-Regals passen 8 CDs.
Wie viele Fächer sind voll?

Rechnung: ____________________

Antwort: ____________________

____

Wie kann ich die Aufgabe lösen?
☺ kann ich gut lösen; 😐 kann ich nur zum Teil gut lösen; ☹ kann ich nicht lösen

Test 3h: Geometrische Grundformen und Flächen bestimmen

1 Ordne die Gegenstände den richtigen Flächenformen zu. Verbinde.

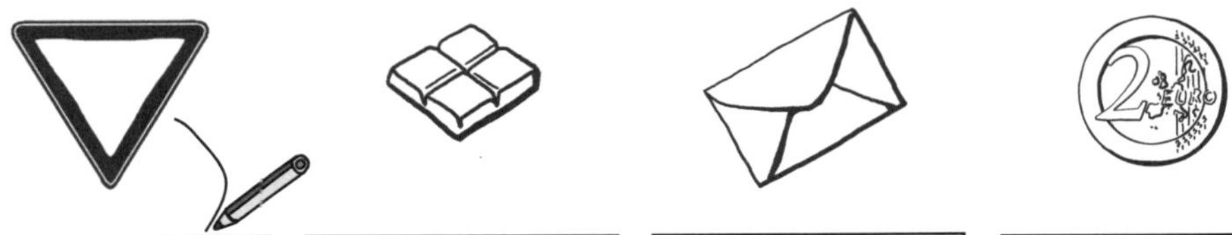

Dreieck	Quadrat	Kreis	Rechteck

2 Ergänze die Aussagen. Verwende die Begriffe

Ecken	Seiten	Quadrat	Rechteck

.

Das Rechteck und das Quadrat haben 4 __________ und 4 __________. Beim __________ sind alle 4 __________ gleich lang. Beim __________ sind die beiden gegenüberliegenden __________ gleich lang.

3 Vergleiche die Flächeninhalte der Figuren miteinander.

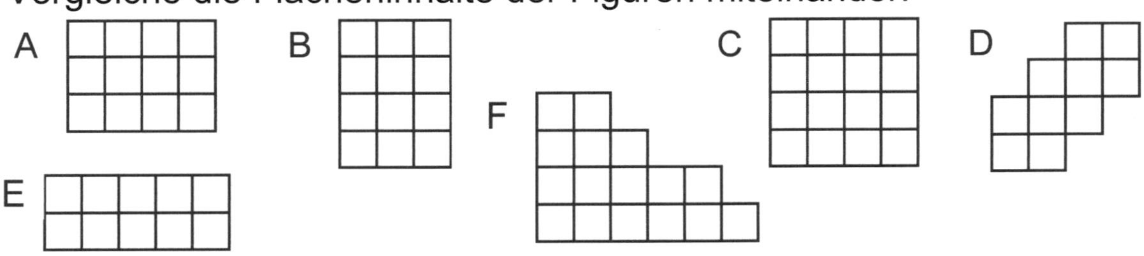

a) Bestimme, in welchen Figuren gleich viele Kästchen sind.
Figuren [A] und [B], [ ] und [ ], [ ] und [ ]

b) Berechne die Anzahl der Kästchen der Figuren A, B, C und E.
Schreibe eine Malaufgabe.

A: 3 · 4 = 12 B: __________

C: __________ D: __________

Wie kann ich die Aufgabe lösen?
☺ kann ich gut lösen; 😐 kann ich nur zum Teil gut lösen; ☹ kann ich nicht lösen

Diagnosebogen zu den Tests zum Themenheft 3

HRU: Allgemeine Hinweise, Anregungen für den Unterricht, individuelle Förderung, Arbeit im Plenum S. 168–180
Kompetenzraster Kom Ü1–Ü2; Beobachtungsbögen „Allgemeine mathematische Kompetenzen" BBK; Kompetenzbögen Kom 3a–3e; Beobachtungsbögen BB 3a–3c; Tests 3a–3h; Tests mit besonderen Anforderungen (mbA) 3a–3c; Lehrerkopiervorlagen (LKV) 31–51
Kopiervorlagen (KV) 67–127
Lernsoftware Interaktive Übungen: „Malnehmen", „Sachrechnen", „Flächen auslegen"

s = sicher; **ü** = überwiegend sicher; **t** = teilweise; **n** = noch nicht

.... kann	s	ü	t	n	Förderhinweise; Forderhinweise*/Verwendung von Material	KV/LKV
Test 3 a)						
❶ zu Bildern Plus- und Malaufgaben aufschreiben					• mehrfach nacheinander vollzogene Handlungen als Summen und als Malaufgaben erkennen und aufschreiben • zu Bildern Plus- und Malaufgaben nennen und aufschreiben • Malaufgaben in verschiedenen Handlungen und Darstellungen erkennen • Lernsoftware: „Vom Plusrechnen zum Malrechnen" • eigenen Bildern Malaufgaben zuordnen* • VM TH 3/10*	KV 67, KV 68 LKV 31, LKV 32
❷ zu Punktebildern Plus- und Malaufgaben aufschreiben					• strukturierte Gegenstände (z. B. Eierkartons) als Vorlage nehmen und dazu Punktebilder mit Wendeplättchen legen • auf dem Hunderterfeld (Kartonbeilage) mit dem Malwinkel (LKV 33) Plus- und Malaufgaben abbilden • zu Punktebildern Plus- und Malaufgaben nennen und aufschreiben • Lernsoftware: „Vom Plusrechnen zum Malrechnen" • eigenen Punktebildern Malaufgaben zuordnen*	KV 68, KV 69 LKV 32, LKV 33, LKV 34
❸ Punktebilder zeichnen, dann Plus- und Malaufgaben lösen					• zu Malaufgaben passende Punktebilder mit Wendeplättchen legen und auf Karopapier zeichnen • zu Malaufgaben passende Punktebilder zeichnen sowie die Plus- und die Malaufgaben lösen • Lernsoftware: „Vom Plusrechnen zum Malrechnen" • eigenen Malaufgaben Punktebilder zuordnen*	KV 69 LKV 34
❹ zu Punktebildern Mal- und Tauschaufgaben aufschreiben					• Punktebilder mit Wendeplättchen legen • durch Standortwechsel oder Drehung Tauschaufgaben finden und benennen • zu Punktebildern die passende Malaufgabe und ihre Tauschaufgabe aufschreiben und lösen • Lernsoftware: „Vom Plusrechnen zum Malrechnen" • eigenen Punktebildern Mal- und Tauschaufgaben zuordnen*	KV 70 LKV 34

.... kann	s	ü	t	n	Förderhinweise; Forderhinweise*/Verwendung von Material	KV/LKV
Test 3 b)						
❶ zu Punktebildern Zerlegungs- und Malaufgaben aufschreiben					• Malaufgaben durch Falten bzw. Zerschneiden von Punktebildern zerlegen • Punktebilder mit einem Lineal unterteilen und entsprechende Teilaufgaben benennen und aufschreiben • zu Punktebildern Zerlegungs- und Malaufgaben nennen und aufschreiben • Lernsoftware: „Vom Plusrechnen zum Malrechnen“ • selbst Punktebilder zerlegen und Zerlegungs- und Malaufgaben zuordnen*	KV 71 KV 72* LKV 35
❷ zu Punktebildern Verdopplungs- und Malaufgaben aufschreiben und lösen					• Punktebilder mit Wendeplättchen legen und mithilfe eines Spiegels Verdopplungsaufgaben bilden • zu Punktebildern Verdopplungsaufgaben aufschreiben und lösen • Lernsoftware: „Vom Plusrechnen zum Malrechnen“ • selbst Punktebilder verdoppeln und Verdopplungsaufgaben zuordnen*	KV 73 LKV 36
❸ zu Malaufgaben beide Nachbaraufgaben aufschreiben und lösen					• Punktebild zu einer Malaufgabe mit Wendeplättchen legen, dann die Nachbaraufgaben dazu legen • zu Malaufgaben die Nachbaraufgaben aufschreiben und lösen • Lernsoftware: „Vom Plusrechnen zum Malrechnen“ • zu eigenen Malaufgaben die Nachbaraufgaben bilden*	KV 74 LKV 37
Test 3 c)						
❶ Rechentabellen mit Aufgaben aus dem Einmaleins mit 1, 2, 5 und 10 ergänzen					• Aufbau der Einmaleinsreihen mit 1, 2, 5 und 10 verstehen, indem nacheinander Punktebilder zu Aufgaben aus diesen Einmaleinsreihen gelegt werden • Aufgaben aus dem Einmaleins mit 1, 2, 5 und 10 lösen und die Rechentabellen ergänzen • Partnerübungen mit den Rechenkärtchen zum Einmaleins mit 1, 2, 5 und 10 (Kartonbeilage) durchführen • Lernsoftware: „Einmaleins mit 5 und 10“, „Einmaleins mit 2, 4 und 8“ • eigene Aufgaben legen, aufschreiben und lösen* • LM TH 3/25* bzw. VM TH 3/21* und TH 3/23*	KV 75, KV 76, KV 77, KV 78, KV 79, KV 80, KV 81 LKV 38, LKV 41
❷ Aufgaben aus dem Einmaleins mit 1, 2, 5 und 10 lösen					• Punktebilder zu Aufgaben aus den Einmaleinsreihen mit 1, 2, 5 und 10 legen • Aufgaben aus dem Einmaleins mit 1, 2, 5 und 10 lösen • Partnerübungen mit den Rechenkärtchen zum Einmaleins mit 1, 2, 5 und 10 (Kartonbeilage) durchführen • Lernsoftware: „Einmaleins mit 5 und 10“, „Einmaleins mit 2, 4 und 8“ • eigene Aufgaben aufschreiben und lösen* • LM TH 3/25* bzw. VM TH 3/21* und TH 3/23*	KV 75, KV 76, KV 77, KV 78, KV 79, KV 80, KV 81 LKV 38, LKV 41
❸ mit Zusammenzählen, Abziehen und Verdoppeln von Kernaufgaben rechnen					• die Kernaufgaben aus den Einmaleinsreihen mit 1, 2, 5 und 10 kennenlernen • mit den Kernaufgaben aus den Einmaleinsreihen mit 1, 2, 5 und 10 durch Addieren, Abziehen und Verdoppeln andere Malaufgaben ableiten und rechnen • Lernsoftware: „Einmaleins mit 5 und 10“, „Einmaleins mit 2, 4 und 8“ • mit Kernaufgaben eigene Aufgaben lösen*	KV 79, KV 80, KV 81 LKV 39, LKV 40

Test 3 d)						
❶ Aufgaben aus dem Einmaleins mit 4, 8, 3, 6, 9 und 7 lösen					• Punktebilder zu Aufgaben aus den Einmaleinsreihen mit 4, 8, 3, 6, 9 und 7 legen • Aufgaben aus dem Einmaleins mit 4, 8, 3, 6, 9 und 7 lösen • Partnerübungen mit den Rechenkärtchen zum Einmaleins mit 4, 8, 3, 6, 9 und 7 (Kartonbeilagen) durchführen • Lernsoftware: „Einmaleins mit 2, 4 und 8“, „Einmaleins mit 3, 6 und 9“, „Einmaleins mit 7“, „Übungen zum Einmaleins“* • eigene Aufgaben aufschreiben und lösen* • LM TH 3/36* und TH 3/39* bzw. VM TH 3/40* und TH 3/43*	KV 82, KV 83, KV 84, KV 85, KV 86, KV 87, KV 88, KV 89, KV 90, KV 91, KV 92 KV 93*, KV 94*, KV 95*, KV 96* LKV 38, LKV 41
❷ Tabellen mit Aufgaben aus dem Einmaleins mit 4 und 8 ergänzen					• Aufgaben aus dem Einmaleins mit 4 und 8 durch Legen, Zeichnen und Rechnen lösen • Tabellen mit den passenden Zahlen ausfüllen • Partnerübungen mit den Rechenkärtchen zum Einmaleins mit 4 und 8 (Kartonbeilage) durchführen • Lernsoftware: „Einmaleins mit 2, 4 und 8“, „Übungen zum Einmaleins“*	KV 82, KV 83, KV 84, KV 91, KV 92 KV 93*, KV 94*, KV 95*, KV 96* LKV 38, LKV 41
❸ zu Ergebniszahlen jeweils drei Einmaleinsaufgaben finden					• Punktebilder zu den Ergebniszahlen legen • Aufgaben aus den Einmaleinsreihen zu den Ergebniszahlen finden • Lernsoftware: „Einmaleins mit 2, 4 und 8“, „Einmaleins mit 3, 6 und 9“, „Einmaleins mit 7“, „Übungen zum Einmaleins“* • zu weiteren Ergebniszahlen Einmaleinsaufgaben aufschreiben und lösen* • LM TH 3/36* und TH 3/39* bzw. VM TH 3/40* und TH 3/43*	KV 91, KV 92 KV 93*, KV 94*, KV 95*, KV 96* LKV 38, LKV 41
Test 3 e)						
❶ zu jedem Bild eine Geteiltaufgabe schreiben und lösen					• in bildlichen Darstellungen Aufteilsituationen erkennen und diese als Geteiltaufgaben schreiben und lösen • den Vorgang des Aufteilens über konkrete Handlungen (z. B. mit entsprechenden Verpackungseinheiten oder mit Seilen/Schnüren) und anhand zeichnerischer Darstellungen verstehen • Aufteil- und Abpacksituationen nachspielen und Geteiltaufgaben zuordnen • Lernsoftware: „Aufteilen und Verteilen“ • Malaufgaben als Rechenhilfe zur Lösung von Geteiltaufgaben anwenden*	KV 97 KV 99* LKV 42 LKV 45*

.... kann	s	ü	t	n	Förderhinweise; Forderhinweise*/Verwendung von Material	KV/LKV
❷ passende Rechenbilder zeichnen, dann die Geteiltaufgabe schreiben und lösen					• in bildlichen Darstellungen Verteilsituationen erkennen und diese als Geteiltaufgaben schreiben und lösen • den Vorgang des Verteilens über konkrete Handlungen (z. B. mit leeren Verpackungseinheiten, in die der Reihe nach je ein Gegenstand gelegt wird) und anhand zeichnerischer Darstellungen verstehen • Verteilsituationen nachspielen und Geteiltaufgaben zuordnen • Lernsoftware: „Aufteilen und Verteilen“ • Malaufgaben als Rechenhilfe zur Lösung von Geteiltaufgaben anwenden*	KV 98 KV 99* LKV 43, LKV 44 LKV 45*
Test 3 f)						
❶ Geteiltaufgaben lösen					• Geteiltaufgaben mithilfe von Wendeplättchen (Kartonbeilage) oder anderem Material legen bzw. sie zeichnen und dann die Aufgaben lösen • zu den Geteiltaufgaben die entsprechenden Malaufgaben nennen und sie zur Lösung nutzen • Lernsoftware: „Übungen zum Malnehmen und Teilen“ • eigene Aufgaben finden und dem Partner stellen* • LM TH 3/45* bzw. VM TH 3/53* und TH 3/57*	KV 100, KV 101, KV 102, KV 103, KV 104, KV 105, KV 107, KV 108 KV 106*, KV 109*, KV 110* LKV 46
❷ Geteiltaufgaben lösen und sie mit der Umkehraufgabe kontrollieren					• Geteiltaufgaben und ihre Umkehraufgaben mithilfe von Wendeplättchen (Kartonbeilage) oder anderem Material legen bzw. sie zeichnen und dann die Aufgaben lösen • zu den Geteiltaufgaben die entsprechenden Umkehraufgaben finden und lösen • Lernsoftware: „Übungen zum Malnehmen und Teilen“, „Umkehraufgaben“ • LM TH 3/45* bzw. VM TH 3/53* und TH 3/57*	KV 100, KV 101, KV 102, KV 103, KV 104, KV 105, KV 107, KV 108 KV 106*, KV 109*, KV 110* LKV 45, LKV 46
❸ Punktebilder zu Geteiltaufgaben mit Rest zeichnen und sie dann lösen					• über Handlungen (z. B. das Aufteilen von Kindern oder das Verteilen von Spielkarten) und durch Zeichnungen Geteiltaufgaben mit Rest durch Verteilen oder Aufteilen lösen • mithilfe von Punktebildern das Aufteilen mit Rest zeichnerisch darstellen und dann die Aufgaben lösen • Lernsoftware: „Teilen mit Rest“ • VM TH 3/65*	KV 111, KV 112 LKV 48
❹ Geteiltaufgaben mit Rest lösen					• Geteiltaufgaben mit Rest auf die entsprechende Geteiltaufgabe ohne Rest zurückführen und lösen • Geteiltaufgaben ohne und mit Rest handelnd oder zeichnerisch darstellen und dann die Aufgaben lösen • Lernsoftware: „Teilen mit Rest“ • Geteiltaufgaben mit Rest auf Einmaleinsaufgaben zurückführen* • VM TH 3/65*	KV 111, KV 112, KV 113, KV 114 LKV 49

Test 3 g)						
❶ zu Rechengeschichten Punktebilder zeichnen, die passende Aufgabe schreiben und lösen					• in Bildern dargestellte Sachsituationen zur Multiplikation sowie zum Verteilen bzw. Aufteilen in Punktebilder und Aufgaben übertragen • Rechengeschichten lesen, die enthaltenen Informationen als Punktebilder darstellen, die entsprechenden Aufgaben schreiben und lösen • Lernsoftware: „Sachrechnen“ • zu gleichen Punktebildern Rechengeschichten vorstellen und unterschiedliche Sachsituationen oder Handlungen beschreiben*	KV 115, KV 117, KV 118, KV 121 LKV 50
❷ zu Rechengeschichten Punktebilder zeichnen, die passende Aufgabe schreiben und lösen, den passenden Antwortsatz schreiben					• Rechengeschichten handelnd mit Gegenständen oder Wendeplättchen (Kartonbeilagen) nachvollziehen • Rechengeschichte lesen, die enthaltenen Informationen als Punktebild darstellen, die entsprechende Aufgabe schreiben und lösen, dann den passenden Antwortsatz schreiben • Lernsoftware: „Sachrechnen“ • zu eigenen Rechengeschichten passende Punktebilder zeichnen* • LM TH 3/53* bzw. VM TH 3/68* und TH 3/69*	KV 115, KV 117, KV 118, KV 121 KV 116*, KV 119*, KV 120*, KV 121* LKV 50
Test 3 h)						
❶ Gegenständen die richtigen Flächenformen zuordnen					• Beispiele für geometrische Grundformen in der Umwelt finden und benennen • Fachbegriffe „Rechteck“, „Quadrat“, „Kreis“ und „Dreieck“ verwenden und ihnen die passenden Grundfiguren zuordnen • Bildern von Gegenständen die richtigen Grundformen zuordnen • erkennen, dass manche Grundformen in der Umwelt häufiger vorkommen*	KV 122*, KV 123*, KV 124*, KV 125* LKV 51
❷ geometrischen Grundformen ihre Grundeigenschaften zuordnen					• die geometrischen Grundformen Rechteck, Quadrat, Kreis und Dreieck untersuchen und ihre Grundeigenschaften (Anzahl der Seiten und der Ecken) feststellen • den geometrischen Grundformen ihre Grundeigenschaften zuordnen • erkennen, dass es sich bei dem Quadrat um ein besonderes Rechteck handelt*	KV 122, KV 123 KV 124*, KV 125* LKV 51
❸ Flächeninhalte von Figuren bestimmen und vergleichen					• den Flächeninhalt von Rechtecken und Quadraten durch Auslegen mit Einheitsquadraten bestimmen • den Flächeninhalt von Rechtecken und Quadraten durch Abzählen von Einheitsquadraten bestimmen • den Flächeninhalt von Rechtecken und Quadraten durch Berechnen (Addition und Multiplikation) bestimmen • den Flächeninhalt verschiedener Figuren bestimmen • Lernsoftware: „Flächen auslegen“ • eigene Figuren auf Karopapier zeichnen und die Flächeninhalte bestimmen* • LM TH 3/57* und TH 3/60 bzw. VM TH 3/75* und TH 3/80*	KV 126*, KV 127*

Test 4a: Plus- und Minusaufgaben mit Zehnerzahlen

1 Schreibe zu jedem Rechenbild die Plusaufgabe.

a) 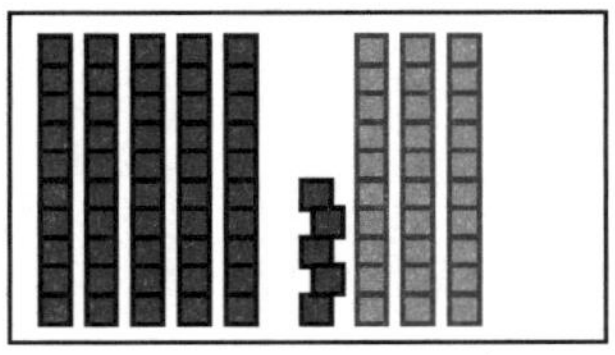

55 + 30 = 85

b) 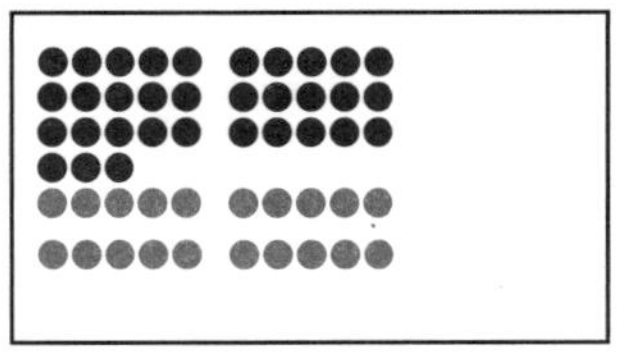

___ + ___ = ___

c) 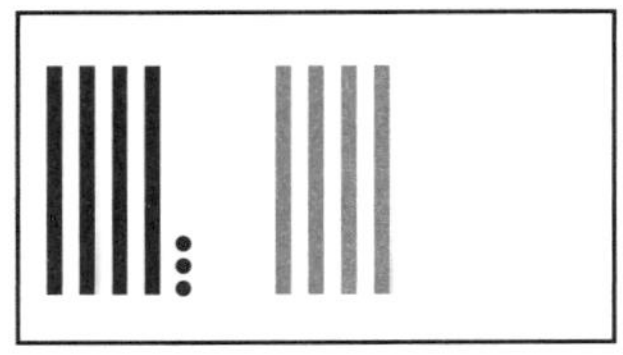

___ + ___ = ___

☺ ☹

2 Löse die Aufgaben.

a) 35 + 20 = 55 b) 47 + 40 = ___ c) 52 + 30 = ___

d) 30 + 27 = ___ e) 10 + 45 = ___ f) 40 + 38 = ___

3 Ergänze passende Zahlen.

a) 45 + 20 = 65 b) 56 + ___ = 86 c) 43 + ___ = 93

d) ___ + 42 = 92 e) ___ + 67 = 87 f) ___ + 31 = 71

4 Schreibe zu jedem Rechenbild die Minusaufgabe.

a) 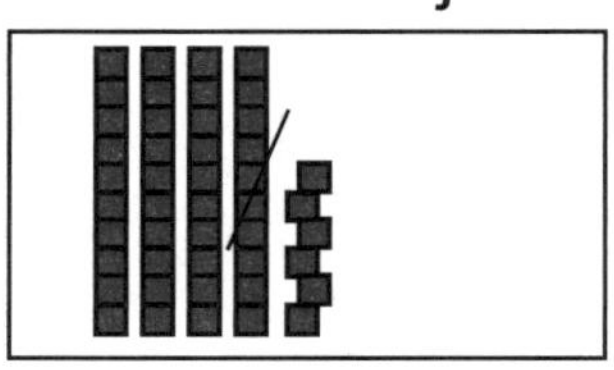

46 – 10 = 36

b) 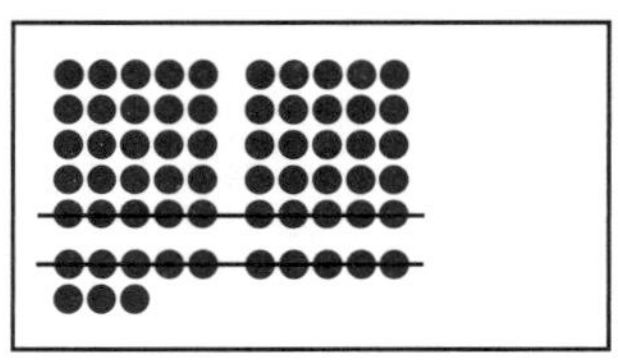

___ – ___ = ___

c) 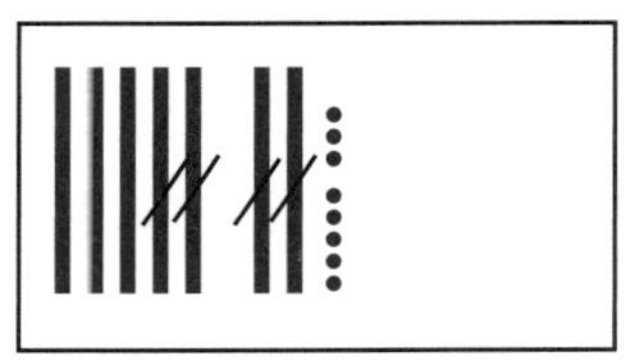

___ – ___ = ___

5 Löse die Aufgaben.

a) 69 – 30 = 39 b) 34 – 20 = ___ c) 87 – 50 = ___

d) 53 – 10 = ___ e) 81 – 40 = ___ f) 92 – 50 = ___

6 Ergänze passende Zahlen.

a) 55 – 40 = 15 b) 86 – ___ = 36 c) 63 – ___ = 53

d) ___ – 50 = 25 e) ___ – 40 = 32 f) ___ – 10 = 78

Wie kann ich die Aufgabe lösen?
☺ kann ich gut lösen; 😐 kann ich nur zum Teil gut lösen; ☹ kann ich nicht lösen

Test 4b: Plusaufgaben lösen (1)

1 Schreibe zu jedem Rechenbild die Plusaufgabe.

a) 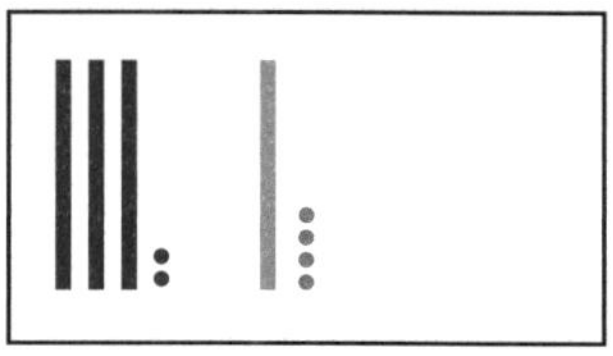

32 + 14 = 46

b) 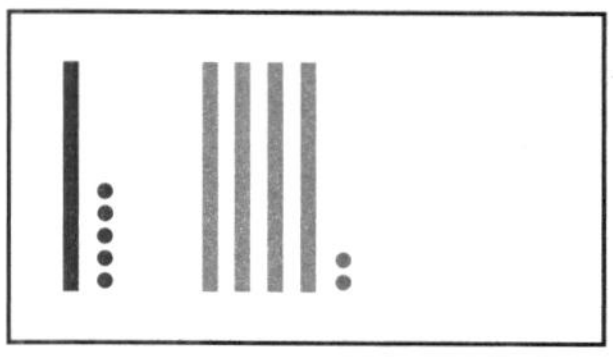

___ + ___ = ___

c) 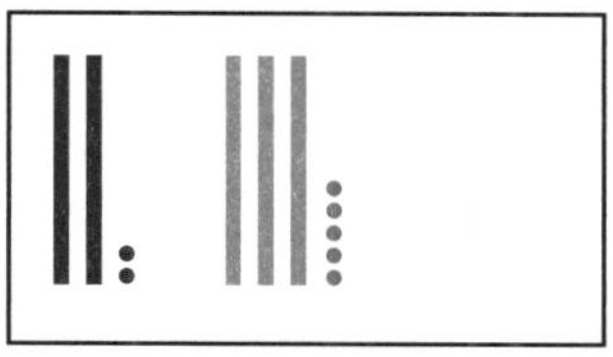

___ + ___ = ___

☺ ☹ ☹

2 Zeichne Rechenbilder und löse die Aufgaben.

a) 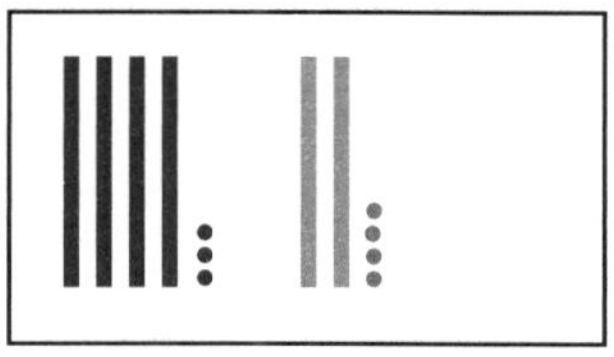

43 + 24 = 67

b) 21 + 56 = ___

c) 42 + 35 = ___

☺ ☹ ☹

3 Rechne mit deinem Rechenweg. Schreibe deine Rechenschritte auf. Du kannst auch am Rechenstrich zeichnen.

a) 75 + 23 = ___

___ + ___ = ___

___ + ___ = ___

75

b) 41 + 37 = ___

___ + ___ = ___

___ + ___ = ___

41

c) 24 + 63 = ___

___ + ___ = ___

___ + ___ = ___

24

☺ ☹ ☹

4 Rechne im Kopf. Trage nur die Ergebnisse ein.

a) 25 + 34 = 59

54 + 32 = ___

b) 43 + 51 = ___

61 + 25 = ___

c) 23 + 36 = ___

36 + 63 = ___

☺ ☹ ☹

Wie kann ich die Aufgabe lösen?
☺ kann ich gut lösen; ☹ kann ich nur zum Teil gut lösen; ☹ kann ich nicht lösen

Test 4c: Plusaufgaben lösen (2)

1 Rechne mit deinem Rechenweg. Schreibe deine Rechenschritte auf.
Du kannst auch am Rechenstrich zeichnen.

☺ 😐 ☹

a) 46 + 36 = ☐

☐ ○ ☐ = ☐

☐ ○ ☐ = ☐

Rechenstrich: 46

b) 28 + 64 = ☐

☐ ○ ☐ = ☐

☐ ○ ☐ = ☐

Rechenstrich: 28

c) 55 + 28 = ☐

☐ ○ ☐ = ☐

☐ ○ ☐ = ☐

Rechenstrich: 55

2 Löse die Aufgaben.

☺ 😐 ☹

a)	b)	c)
25 + 48 = 73	49 + 28 = ☐	32 + 59 = ☐
47 + 34 = ☐	26 + 46 = ☐	46 + 35 = ☐
38 + 54 = ☐	25 + 59 = ☐	47 + 39 = ☐

3 Kreuze in jedem Päckchen die Aufgabe mit dem richtigen Ergebnis an.

☺ 😐 ☹

a)	b)	c)
23 + 28 = 51 ☒	33 + 38 = 61 ☐	18 + 67 = 85 ☐
56 + 19 = 74 ☐	47 + 26 = 73 ☐	28 + 48 = 86 ☐

4 Schreibe alle möglichen Plusaufgaben auf und löse sie.

☺ 😐 ☹

Zahlenkarten: 27, 58, 49 | + | 35, 27

27 + 35 = 62	☐ + ☐ = ☐
☐ + ☐ = ☐	☐ + ☐ = ☐
☐ + ☐ = ☐	☐ + ☐ = ☐

Test 4d: Minusaufgaben lösen (1)

1 Schreibe zu jedem Rechenbild die Minusaufgabe.

a) 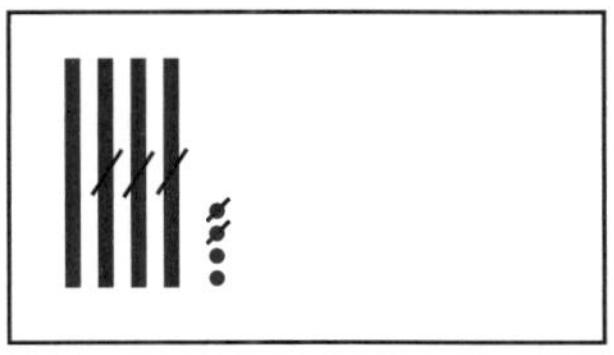

44 – 32 = 12

b) 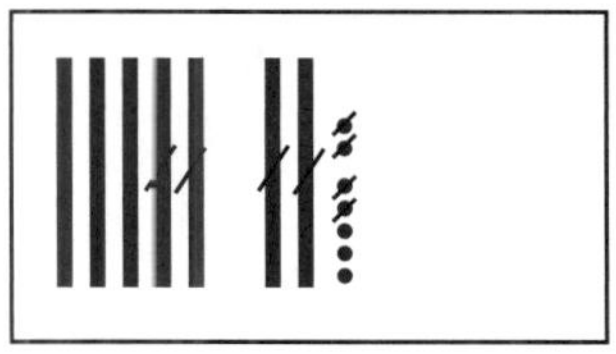

☐ – ☐ = ☐

c) 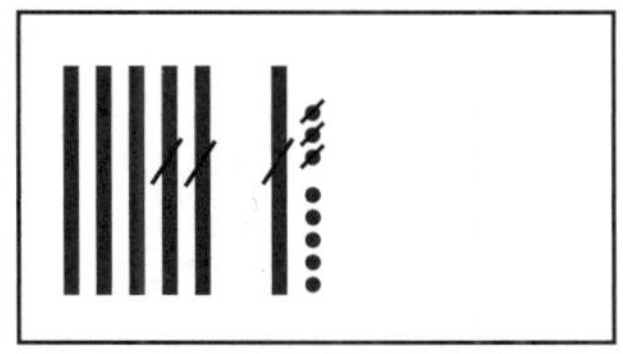

☐ – ☐ = ☐

2 Zeichne Rechenbilder und löse die Aufgaben.

a) 

48 – 26 = 22

b) 85 – 63 = ☐

c) 76 – 35 = ☐

3 Rechne mit deinem Rechenweg. Schreibe deine Rechenschritte auf. Du kannst auch am Rechenstrich zeichnen.

a) 58 – 25 = ☐

☐ – ☐ = ☐

☐ – ☐ = ☐

58

b) 89 – 37 = ☐

☐ – ☐ = ☐

☐ – ☐ = ☐

89

c) 97 – 43 = ☐

☐ – ☐ = ☐

☐ – ☐ = ☐

97

4 Rechne im Kopf. Trage nur die Ergebnisse ein.

a) 56 – 23 = 33

78 – 24 = ☐

b) 97 – 54 = ☐

99 – 55 = ☐

c) 65 – 32 = ☐

87 – 43 = ☐

Wie kann ich die Aufgabe lösen?
☺ kann ich gut lösen; 😐 kann ich nur zum Teil gut lösen; ☹ kann ich nicht lösen

Test 4e: Minusaufgaben lösen (2)

1 Rechne mit deinem Rechenweg. Schreibe deine Rechenschritte auf. Du kannst auch am Rechenstrich zeichnen.

☺ 😐 ☹

a) 83 – 47 = ☐

☐ ○ ☐ = ☐

☐ ○ ☐ = ☐

Rechenstrich: 83

b) 96 – 58 = ☐

☐ ○ ☐ = ☐

☐ ○ ☐ = ☐

Rechenstrich: 96

c) 72 – 39 = ☐

☐ ○ ☐ = ☐

☐ ○ ☐ = ☐

Rechenstrich: 72

2 Löse die Aufgaben.

☺ 😐 ☹

a)	b)	c)
45 – 28 = 17	71 – 44 = ☐	84 – 46 = ☐
87 – 38 = ☐	55 – 19 = ☐	73 – 38 = ☐
93 – 65 = ☐	76 – 38 = ☐	92 – 64 = ☐

3 Kreuze in jedem Päckchen die Aufgabe mit dem richtigen Ergebnis an.

☺ 😐 ☹

a)	b)	c)
78 – 29 = 49 ☒	83 – 57 = 26 ☐	61 – 43 = 28 ☐
64 – 37 = 37 ☐	62 – 26 = 46 ☐	85 – 36 = 49 ☐

4 Schreibe alle möglichen Minusaufgaben auf und löse sie.

☺ 😐 ☹

82 61 74 – 27 38

82 – 27 = 55	☐ – ☐ = ☐
☐ – ☐ = ☐	☐ – ☐ = ☐
☐ – ☐ = ☐	☐ – ☐ = ☐

Wie kann ich die Aufgabe lösen?
☺ kann ich gut lösen; 😐 kann ich nur zum Teil gut lösen; ☹ kann ich nicht lösen

Test 4f: Ergebnisse prüfen

1 Finde für die Zahlen den Nachbarzehner, den man bei der Überschlagsrechnung verwendet.

a) 39 ⟶ 40 b) 52 ⟶ ☐ c) 75 ⟶ ☐

☺ 😐 ☹

2 Runde die Zahlen und schreibe die Überschlagsrechnung auf.

a) 19 + 23 = 42
20 + 20 = 40

b) 76 – 48 = 28
☐ – ☐ = ☐

c) 32 + 48 = 80
☐ + ☐ = ☐

☺ 😐 ☹

3 Überprüfe mit der Überschlagsrechnung, ob das Ergebnis stimmen kann.

a) 29 + 53 = 72
30 + 50 = 80

- ☐ Das Ergebnis kann stimmen.
- ☒ Das Ergebnis kann nicht stimmen.

b) 92 – 38 = 64
☐ – ☐ = ☐

- ☐ Das Ergebnis kann stimmen.
- ☐ Das Ergebnis kann nicht stimmen.

c) 72 + 19 = 91
☐ + ☐ = ☐

- ☐ Das Ergebnis kann stimmen.
- ☐ Das Ergebnis kann nicht stimmen.

☺ 😐 ☹

4 Löse die Aufgaben.
Kontrolliere selbst mithilfe der Umkehraufgabe.

a) 48 + 36 = 84, denn 84 – 36 = 48

b) 57 + 25 = ☐, denn ____________

c) 25 + 49 = ☐, denn ____________

d) 64 – 28 = ☐, denn ____________

e) 82 – 65 = ☐, denn ____________

f) 73 – 27 = ☐, denn ____________

☺ 😐 ☹

Wie kann ich die Aufgabe lösen?
☺ kann ich gut lösen; 😐 kann ich nur zum Teil gut lösen; ☹ kann ich nicht lösen

Test 4g: Die passende Rechnung finden

1 Ordne passend zu. Verbinde.

immer drei	+	bekommen
dazulegen	−	verschenken
verteilen	·	austeilen
ausleihen	:	viermal hintereinander

2 Finde zu jeder Rechengeschichte die passende Rechnung.

a) Im Sportunterricht werden aus 18 Kindern zwei gleich große Mannschaften gebildet.

R: ______________________________

b) Tim hat 32 Murmeln. Von seiner Schwestern bekommt er noch 8 Murmeln geschenkt.

R: ______________________________

c) Paul holt im Keller Getränke. Er geht insgesamt 4-mal und bringt immer 2 Flaschen mit.

R: ______________________________

d) Lisa bekommt von ihrer Oma 10 Euro geschenkt. Eine Woche später hat sie bereits 7 Euro ausgegeben.

R: ______________________________

3 Ergänze die Tabelle.

	Lieblingstiere		
	Hund	Katze	Pferd
Jungen	13	9	
Mädchen		15	17
insgesamt	27		25

Wie kann ich die Aufgabe lösen?
☺ kann ich gut lösen; 😐 kann ich nur zum Teil gut lösen; ☹ kann ich nicht lösen

Test 4h: Körper

1 Ordne die Flächen den Körpern passend zu. Verbinde. ☺ 😐 ☹

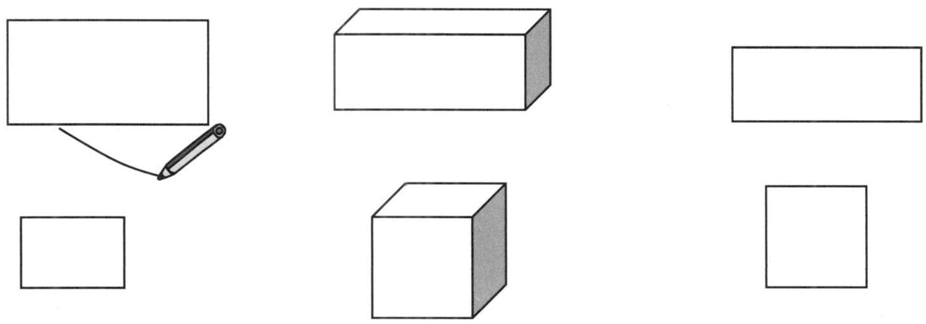

2 Ergänze die Aussagen. Verwende die Begriffe ☺ 😐 ☹

| Quader | Würfel | Kanten | Ecken | Flächen |.

Ein Würfel und ein Quader haben 6 ______________________,
12 ______________________ und 8 ______________________.
Bei einem ______________ sind alle Flächen Quadrate.
Bei einem ______________ sind nicht alle Flächen gleich groß.

3 Ordne jedem Bauwerk einen Bauplan zu. ☺ 😐 ☹

A

	2	1
	2	
1	2	

B

	1
2	1

C

2	1
1	1

D

2	2
2	2

4 Bestimme die Anzahl der Einzelwürfel. ☺ 😐 ☹

a) 4 Würfel b) ___ Würfel c) ___ Würfel d) ___ Würfel

Wie kann ich die Aufgabe lösen?
☺ kann ich gut lösen; 😐 kann ich nur zum Teil gut lösen; ☹ kann ich nicht lösen

Diagnosebogen zu den Tests zum Themenheft 4

HRU: Allgemeine Hinweise, Anregungen für den Unterricht, individuelle Förderung, Arbeit im Plenum S. 221–231
Kompetenzraster Kom Ü1–Ü2; Beobachtungsbögen „Allgemeine mathematische Kompetenzen“ BBK; Kompetenzbögen Kom 4a–4e; Beobachtungsbögen BB 4a–4c; Tests 4a–4h; Tests mit besonderen Anforderungen (mbA) 4a–4c; Lehrerkopiervorlagen (LKV) 52–68
Kopiervorlagen (KV) 128–162
Lernsoftware Interaktive Übungen: „Rechnen mit Plus und Minus bis 100“, „Sachrechnen“, „Geometrische Körper“, „Würfelbauten“

s = sicher; **ü** = überwiegend sicher; **t** = teilweise; **n** = noch nicht

.... kann	s	ü	t	n	Förderhinweise; Forderhinweise*/Verwendung von Material	KV/LKV
Test 4 a)						
❶ zu jedem Rechenbild die Plusaufgabe aufschreiben und lösen					• Plusaufgaben mit Steckwürfeln, Rechengeld sowie Wendeplättchen und Zehnerstreifen (Kartonbeilagen) legen und rechnen • zu den Rechenbildern die Plusaufgaben aufschreiben und lösen • Lernsoftware: „Plus und Minus ohne Zehnerübergang“ • eigenen Rechenbildern Plusaufgaben zuordnen*	KV 128
❷ Plusaufgaben mit Zehnerzahlen lösen					• Plusaufgaben mit Material legen oder zeichnen und rechnen • Rechenwege auf der Hundertertafel oder auf dem Rechenstrich erkennen und darstellen • Plusaufgaben mit Zehnerzahlen lösen • Lernsoftware: „Plus und Minus ohne Zehnerübergang“ • LM TH 4/8* bzw. VM TH 4/9*	KV 128
❸ Ergänzungsaufgaben mit Zehnerzahlen lösen					• Ergänzungsaufgaben mit Material legen oder zeichnen und rechnen • Rechenwege auf der Hundertertafel oder auf dem Rechenstrich erkennen und darstellen • Ergänzungsaufgaben mit Zehnerzahlen lösen • Lernsoftware: „Plus und Minus ohne Zehnerübergang“	
❹ zu jedem Rechenbild die Minusaufgabe aufschreiben					• Minusaufgaben mit Steckwürfeln, Rechengeld sowie Wendeplättchen und Zehnerstreifen (Kartonbeilagen) legen und rechnen • zu den Rechenbildern die Minusaufgaben aufschreiben und lösen • Lernsoftware: „Plus und Minus ohne Zehnerübergang“ • eigenen Rechenbildern Minusaufgaben zuordnen*	KV 129
❺ Minusaufgaben mit Zehnerzahlen lösen					• Minusaufgaben mit Material legen oder zeichnen und rechnen • Rechenwege auf der Hundertertafel oder auf dem Rechenstrich erkennen und darstellen • Minusaufgaben mit Zehnerzahlen lösen • Lernsoftware: „Plus und Minus ohne Zehnerübergang“ • LM TH 4/8* bzw. VM TH 4/9*	KV 129, KV 130

❻ Ergänzungsaufgaben mit Zehnerzahlen lösen					• Ergänzungsaufgaben mit Material legen oder zeichnen und rechnen • Rechenwege auf der Hundertertafel oder auf dem Rechenstrich erkennen und darstellen • Ergänzungsaufgaben mit Zehnerzahlen lösen • Lernsoftware: „Plus und Minus ohne Zehnerübergang“	
Test 4 b)						
❶ zu jedem Rechenbild die Plusaufgabe aufschreiben und lösen					• Plusaufgaben mit Steckwürfeln, Rechengeld sowie Wendeplättchen und Zehnerstreifen (Kartonbeilagen) legen und rechnen • zu den Rechenbildern die Plusaufgaben aufschreiben und lösen • Lernsoftware: „Plus und Minus ohne Zehnerübergang“ • eigenen Rechenbildern Plusaufgaben zuordnen*	
❷ zu Plusaufgaben die Rechenbilder zeichnen und die Aufgaben lösen					• Plusaufgaben mit Steckwürfeln, Rechengeld sowie Wendeplättchen und Zehnerstreifen (Kartonbeilagen) legen und rechnen • zu den Plusaufgaben die Rechenbilder zeichnen und die Aufgaben lösen • Lernsoftware: „Plus und Minus ohne Zehnerübergang“ • zu eigenen Plusaufgaben Rechenbilder zeichnen*	
❸ bei Plusaufgaben den eigenen Rechenweg rechnen, die Rechenschritte aufschreiben und/oder am Rechenstrich zeichnen und lösen					• Plusaufgaben mit Steckwürfeln, Rechengeld sowie Wendeplättchen und Zehnerstreifen (Kartonbeilagen) legen und rechnen • Plusaufgaben mit Rechenbildern oder am Rechenstrich zeichnen und lösen • bei Plusaufgaben den eigenen Rechenweg rechnen, die Rechenschritte aufschreiben und am Rechenstrich zeichnen und lösen • Lernsoftware: „Plus und Minus ohne Zehnerübergang“ • eigene Plusaufgaben in Partnerarbeit lösen* • LM TH 4/12* bzw. VM TH 4/14*	KV 131, KV 135/1, KV 214, KV 215 LKV 52, LKV 53
❹ Plusaufgaben im Kopf rechnen und die Ergebnisse eintragen					• Plusaufgaben mit Rechenbildern oder am Rechenstrich zeichnen und lösen • bei Plusaufgaben die Rechenschritte aufschreiben oder nennen und die Aufgaben lösen • Plusaufgaben im Kopf rechnen und die Ergebnisse eintragen • Lernsoftware: „Plus und Minus ohne Zehnerübergang“ • Plusaufgaben dem Partner stellen, die er im Kopf löst*	KV 132, KV 133, KV 136 KV 137*
Test 4 c)						
❶ bei Plusaufgaben den eigenen Rechenweg rechnen, die Rechenschritte aufschreiben und/oder am Rechenstrich zeichnen und lösen					• Plusaufgaben mit Steckwürfeln, Rechengeld sowie Wendeplättchen und Zehnerstreifen (Kartonbeilagen) legen und rechnen • Plusaufgaben mit Rechenbildern oder am Rechenstrich zeichnen und lösen • bei Plusaufgaben den eigenen Rechenweg rechnen, die Rechenschritte aufschreiben und am Rechenstrich zeichnen und lösen • Lernsoftware: „Plusaufgaben mit Zehnerübergang“ • eigene Plusaufgaben in Partnerarbeit lösen*	KV 134, KV 135/2, KV 214, KV 215 LKV 52

.... kann	s	ü	t	n	Förderhinweise; Forderhinweise*/Verwendung von Material	KV/LKV
❷ Plusaufgaben rechnen und die Ergebnisse eintragen					• Plusaufgaben mit Rechenbildern oder am Rechenstrich zeichnen und lösen • bei Plusaufgaben die Rechenschritte aufschreiben oder nennen und die Aufgaben lösen • Plusaufgaben im Kopf rechnen und die Ergebnisse eintragen • Lernsoftware: „Plusaufgaben mit Zehnerübergang“ • Plusaufgaben dem Partner stellen, die er im Kopf löst* • LM TH 4/18* bzw. VM TH 4/21*	KV 135/2, KV 136, KV 138 KV 137*, KV 139*, KV 140*, KV 141* LKV 54
❸ Plusaufgaben rechnen und die Aufgaben mit den richtigen Ergebnissen ankreuzen					• Plusaufgaben mit Rechenbildern oder am Rechenstrich zeichnen und lösen • bei Plusaufgaben die Rechenschritte aufschreiben oder nennen und die Aufgaben lösen • Plusaufgaben rechnen und die Ergebnisse überprüfen, dann in jedem Päckchen das richtige Ergebnis ankreuzen • Lernsoftware: „Plusaufgaben mit Zehnerübergang“ • Plusaufgaben in Partnerarbeit rechnen und überprüfen* • LM TH 4/18* bzw. VM TH 4/21*	KV 138 KV 139*, KV 140*, KV 141*
❹ alle möglichen Plusaufgaben bilden und lösen					• mit Zahlen- und Rechenzeichenkärtchen Plusaufgaben bilden und rechnen • mit den angegebenen Zahlen Plusaufgaben bilden und lösen • Lernsoftware: „Plusaufgaben mit Zehnerübergang“ • LM TH 4/18* bzw. VM TH 4/21*	KV 136, KV 138 KV 139*, KV 140*, KV 141* LKV 54*
Test 4 d)						
❶ zu jedem Rechenbild die Minusaufgabe aufschreiben und lösen					• Minusaufgaben mit Steckwürfeln, Rechengeld sowie Wendeplättchen und Zehnerstreifen (Kartonbeilagen) legen und rechnen • zu den Rechenbildern die Minusaufgaben aufschreiben und lösen • Lernsoftware: „Plus und Minus ohne Zehnerübergang“ • eigenen Rechenbildern Minusaufgaben zuordnen*	
❷ zu Minusaufgaben die Rechenbilder zeichnen und die Aufgaben lösen					• Minusaufgaben mit Steckwürfeln, Rechengeld sowie Wendeplättchen und Zehnerstreifen (Kartonbeilagen) legen und rechnen • zu den Minusaufgaben die Rechenbilder zeichnen und die Aufgaben lösen • Lernsoftware: „Plus und Minus ohne Zehnerübergang“ • zu eigenen Minusaufgaben Rechenbilder zeichnen*	

❸ bei Minusaufgaben den eigenen Rechenweg rechnen, die Rechenschritte aufschreiben und/oder am Rechenstrich zeichnen und lösen					• Minusaufgaben mit Steckwürfeln, Rechengeld sowie Wendeplättchen und Zehnerstreifen (Kartonbeilagen) legen und rechnen • Minusaufgaben mit Rechenbildern oder am Rechenstrich zeichnen und lösen • bei Minusaufgaben den eigenen Rechenweg rechnen, die Rechenschritte aufschreiben und am Rechenstrich zeichnen und lösen • Lernsoftware: „Plus und Minus ohne Zehnerübergang“ • eigene Minusaufgaben in Partnerarbeit lösen* • LM TH 4/22* bzw. VM TH 4/26*	KV 142, KV 146/1, KV 214, KV 216 LKV 55, LKV 56
❹ Minusaufgaben im Kopf rechnen und die Ergebnisse eintragen					• Minusaufgaben mit Rechenbildern oder am Rechenstrich zeichnen und lösen • bei Minusaufgaben die Rechenschritte aufschreiben oder nennen und die Aufgaben lösen • Minusaufgaben im Kopf rechnen und die Ergebnisse eintragen • Lernsoftware: „Plus und Minus ohne Zehnerübergang“ • Minusaufgaben dem Partner stellen, die er im Kopf löst*	KV 143, KV 144, KV 146/1 KV 137*
Test 4 e)						
❶ bei Minusaufgaben den eigenen Rechenweg rechnen, die Rechenschritte aufschreiben und/oder am Rechenstrich zeichnen und lösen					• Minusaufgaben mit Steckwürfeln, Rechengeld sowie Wendeplättchen und Zehnerstreifen (Kartonbeilagen) legen und rechnen • Minusaufgaben mit Rechenbildern oder am Rechenstrich zeichnen und lösen • bei Minusaufgaben den eigenen Rechenweg rechnen, die Rechenschritte aufschreiben und am Rechenstrich zeichnen und lösen • Lernsoftware: „Minusaufgaben mit Zehnerübergang“ • eigene Minusaufgaben in Partnerarbeit lösen*	KV 145, KV 146/2, KV 214, KV 216 LKV 55
❷ Minusaufgaben rechnen und die Ergebnisse eintragen					• Minusaufgaben mit Rechenbildern oder am Rechenstrich zeichnen und lösen • bei Minusaufgaben die Rechenschritte aufschreiben oder nennen und die Aufgaben lösen • Minusaufgaben im Kopf rechnen und die Ergebnisse eintragen • Lernsoftware: „Minusaufgaben mit Zehnerübergang“ • Minusaufgaben dem Partner stellen, die er im Kopf löst* • LM TH 4/28* bzw. VM TH 4/32 und TH 4/33*	KV 146/2, KV 147 KV 148* LKV 57
❸ Minusaufgaben rechnen und die Aufgaben mit den richtigen Ergebnissen ankreuzen					• Minusaufgaben mit Rechenbildern oder am Rechenstrich zeichnen und lösen • bei Minusaufgaben die Rechenschritte aufschreiben oder nennen und die Aufgaben lösen • Minusaufgaben rechnen und die Ergebnisse überprüfen, dann in jedem Päckchen das richtige Ergebnis ankreuzen • Lernsoftware: „Minusaufgaben mit Zehnerübergang“ • Minusaufgaben in Partnerarbeit rechnen und überprüfen* • LM TH 4/28* bzw. VM TH 4/32 und TH 4/33*	KV 146/2, KV 147, KV 149, KV 150, KV 151, KV 152, KV 153 KV 148*, KV 154*, KV 155* LKV 57

.... kann	s	ü	t	n	Förderhinweise; Forderhinweise*/Verwendung von Material	KV/LKV
❹ alle möglichen Minusaufgaben bilden und lösen					• mit Zahlen- und Rechenzeichenkärtchen Minusaufgaben bilden und rechnen • mit den angegebenen Zahlen Minusaufgaben bilden und lösen • Lernsoftware: „Minusaufgaben mit Zehnerübergang“ • LM TH 4/28* bzw. VM TH 4/33*	KV 146/2, KV 147, KV 149, KV 150, KV 151, KV 152, KV 153 KV 148*, KV 154*, KV 155* LKV 57
Test 4 f)						
❶ zu Zahlen den Nachbarzehner für die Überschlagsrechnung finden					• zu Zahlen beide Nachbarzehner nennen sowie die jeweiligen Abstände dazu bestimmen und vergleichen • nächstliegende Nachbarzehner bestimmen (z. B. als Rätselspiel) • Zahlen auf Zehner runden • Lernsoftware: „Plus und Minus mit Zehnerübergang“, „Übungen mit Plus und Minus“ • in Partnerarbeit Zahlen nennen und diese runden lassen*	LKV 58
❷ Zahlen runden und die Überschlagsrechnung aufschreiben					• nächstliegende Nachbarzehner bestimmen (z. B. als Rätselspiel) • Zahlen auf Zehner runden • mit den gerundeten Zahlen Überschlagsrechnungen aufschreiben und lösen • Lernsoftware: „Plus und Minus mit Zehnerübergang“, „Übungen mit Plus und Minus“ • mögliche Aufgaben zu einer Überschlagsrechnung mit Zehnerzahlen finden* • LM TH 4/30* bzw. VM TH 4/35*	LKV 58
❸ Ergebnisse mit der Überschlagsrechnung überprüfen					• Zahlen auf Zehner runden • mit den gerundeten Zahlen Überschlagsrechnungen aufschreiben und lösen • Ergebnisse der Rechnung und der Überschlagsrechnung vergleichen, dann ankreuzen, ob das Ergebnis der Rechnung stimmen kann • Lernsoftware: „Plus und Minus mit Zehnerübergang“, „Übungen mit Plus und Minus“ • begründen, warum die Ergebnisse stimmen können* • LM TH 4/30* bzw. VM TH 4/35*	LKV 58

❹ Aufgaben lösen und mit der Umkehraufgabe kontrollieren					• mit Zahlenkärtchen Aufgaben und Umkehraufgaben legen • zu Plusaufgaben die entsprechenden Umkehraufgaben nennen oder ihnen zuordnen • zu Minusaufgaben die entsprechenden Umkehraufgaben nennen oder ihnen zuordnen • Plus- und Minusaufgaben lösen, dann mit der jeweiligen Umkehraufgabe kontrollieren • Lernsoftware: „Plus und Minus mit Zehnerübergang“, „Übungen mit Plus und Minus“ • in Partnerarbeit Aufgaben lösen und mit der Umkehraufgabe kontrollieren* • LM TH 4/33* bzw. VM TH 4/37*	LKV 59
Test 4 g)						
❶ Verben für Handlungen der jeweiligen Rechenart zuordnen					• zu in Bildern dargestellten Sachsituationen die passenden Verben und die passenden Rechenoperationen finden • Verben für Handlungen der jeweiligen Rechenoperation zuordnen • Lernsoftware: „Sachrechnen“ • mit den Verben für Handlungen Rechengeschichten erzählen*	LKV 61
❷ zu Rechengeschichten die passende Rechnung schreiben					• Rechengeschichten lesen, die enthaltenen Informationen entnehmen • Rechengeschichten die darin beschriebene Handlung und die entsprechende Rechenoperation zuordnen • zur Rechengeschichte passende Rechnung schreiben • Lernsoftware: „Sachrechnen“ • zu eigenen Rechengeschichten passende Rechnungen schreiben* • LM TH 4/38* bzw. VM TH 4/44*	KV 156 LKV 62, LKV 63
❸ Informationen in einer Tabelle ergänzen					• Tabellen Informationen entnehmen und in Sätzen notieren • durch die additiven bzw. subtraktiven Verknüpfungen der Informationen fehlende Informationen ableiten und die Tabelle ergänzen • Fragestellungen zu Angaben in den Tabellen formulieren und vorstellen* • LM TH 4/41* bzw. VM TH 4/48* und TH 4/49*	KV 157 LKV 64
Test 4 h)						
❶ Körpern die passenden Flächen zuordnen					• verschiedene Gegenstände, die die Form von Quadern und Würfeln haben, mitbringen und untersuchen • Fachbegriffe „Rechteck“ und „Quadrat“ verwenden und den Flächen von Quader und Würfel zuordnen • den Körpern „Rechteck“ und „Quadrat“ die passenden Flächen zuordnen • Lernsoftware: „Geometrische Körper“ • Zusammenhänge zwischen Quader und Würfel erkennen* • LM TH 4/44* bzw. VM TH 4/53*	KV 158 LKV 65

.... kann	s	ü	t	n	Förderhinweise; Forderhinweise*/Verwendung von Material	KV/LKV
❷ Eigenschaften von Würfel und Quader mit den Begriffen „Kanten“, „Ecken“ und „Flächen“ beschreiben					• die Körper „Rechteck“ und „Quadrat“ untersuchen und ihnen Eigenschaften zuordnen • Eigenschaften von Würfel und Quader mit den Begriffen „Kanten“, „Ecken“ und „Flächen“ beschreiben und ihnen diese mit Wortkärtchen zuordnen • Form und Anzahl dieser Bestandteile bestimmen • Lernsoftware: „Geometrische Körper“ • Gemeinsamkeiten zwischen Quader und Würfel erkennen* • LM TH 4/44* bzw. VM TH 4/53*	KV 158 LKV 65, LKV 66
❸ Würfelbauten die passenden Baupläne zuordnen					• mit Steckwürfeln, Einheitswürfeln oder Bauklötzen gebaute Würfelbauten vorstellen und beschreiben • zu Würfelbauten Baupläne erstellen • zu Abbildungen von Würfelbauten Baupläne zuordnen • zu Abbildungen von Würfelbauten Baupläne erstellen • Lernsoftware: „Würfelbauten“ • zu eigenen Würfelbauten Baupläne erstellen* • LM TH 4/48* bzw. VM TH 4/58*	KV 160, KV 161 KV 159*, KV 162* LKV 67
❹ Würfelbauten die passende Anzahl der Einzelwürfel zuordnen					• mit Steckwürfeln, Einheitswürfeln oder Bauklötzen gebaute Würfelbauten vorstellen und beschreiben • zu Würfelbauten Anzahl der Einzelwürfel zuordnen • zu Abbildungen von Würfelbauten Anzahl der Einzelwürfel zuordnen • Lernsoftware: „Würfelbauten“ • zu eigenen Würfelbauten Anzahl der Einzelwürfel bestimmen* • LM TH 4/48* bzw. VM TH 4/60*	KV 160 KV 159*, KV 162* LKV 68

Test 5a: Geldbeträge ermitteln, darstellen, ergänzen

1 Ermittle den vorgegebenen Geldbetrag.

a) 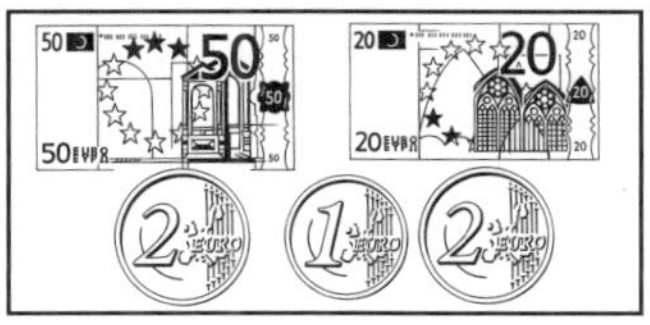

75 €

b) 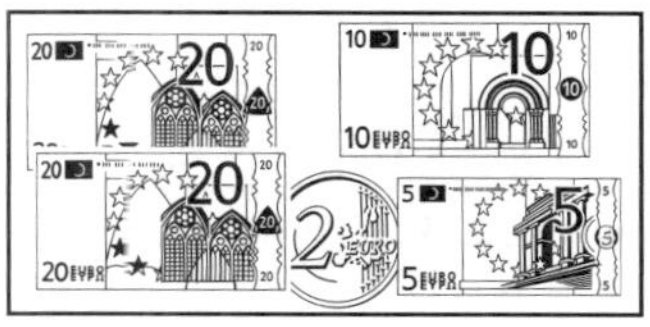

c) 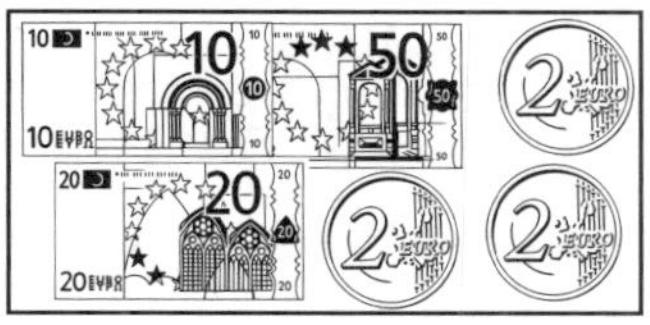

d) 

e) 

f) 

g) 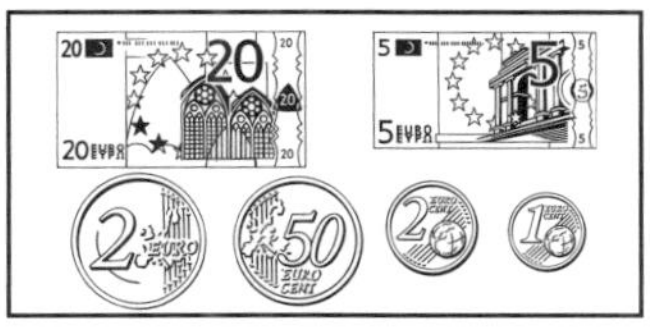

h) 

i) 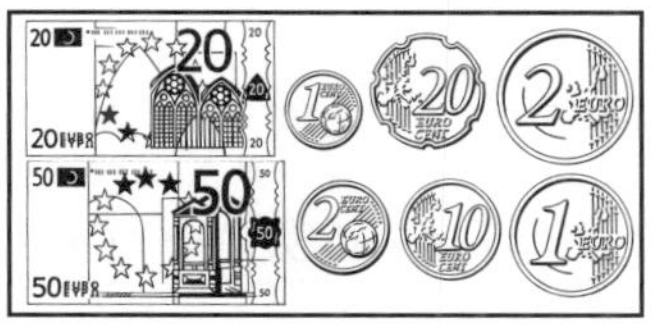

2 Stelle den Betrag mit Scheinen und Münzen dar. Finde drei verschiedene Möglichkeiten, wie du den Betrag darstellen kannst.
66,10 €

3 Ermittle den Betrag, der fehlt, damit im Geldbeutel genau 1 € ist. Zeichne die fehlenden Münzen ein.

a) 

b) 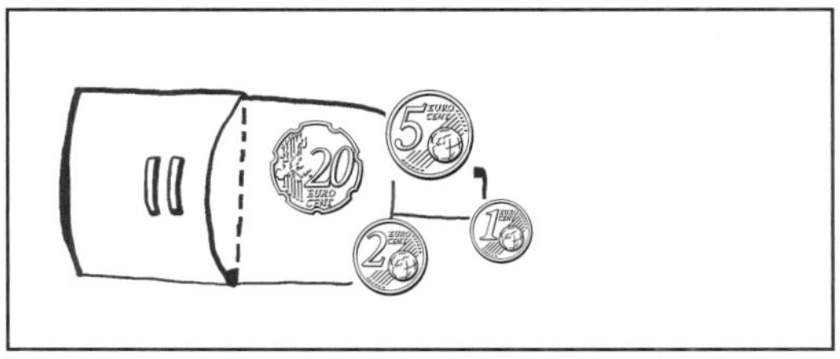

c) 

d) 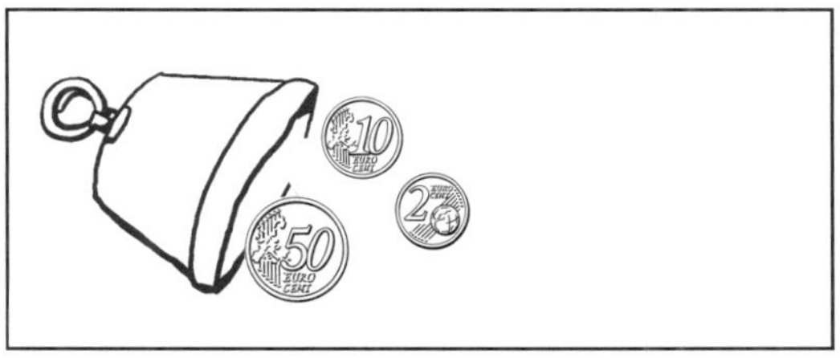

Wie kann ich die Aufgabe lösen?
☺ kann ich gut lösen; 😐 kann ich nur zum Teil gut lösen; ☹ kann ich nicht lösen

Test 5b: Rechengeschichten lösen

1 Ergänze die Tabellen.

a)

Ich kaufe	Ich muss bezahlen
ein Buch für 14 € und eine CD für 10 €	24 €
einen Teddy für 25 € und Seifenblasen für 6 €	
einen Pulli für 36 € und eine Hose für 47 €	

b)

Ich muss bezahlen	Ich gebe	Ich bekomme zurück
37 €	40 €	
68 €	80 €	
53 €	100 €	

c)

Ich wünsche mir	Ich habe	Mir fehlen noch
Inlineskates für 37 €	32 €	
einen Fußball für 19 €	8 €	
eine Uhr für 47 €	36 €	

2 Schreibe zu jeder Rechengeschichte die Rechnung und die Antwort auf.

a) Tim kauft mit seiner Mutter Kleidung ein. Seine Mutter bezahlt mit einem 100-Euro-Schein und bekommt 25 € zurück.

Wie viel hat Tims Kleidung gekostet?

R: 100 € – 25 € = 75 €

A: ______________________

b) Lisa hat bereits 27 € gespart. Um sich Kleider für ihre Puppe kaufen zu können, muss sie noch 16 € sparen. Wie viel kosten die Kleider?

R: ______________________

A: ______________________

c) Ole möchte sich ein neues Computerspiel kaufen. Das Spiel kostet 29 €. Er muss noch 11 € sparen. Wie viel Geld hat Ole schon gespart?

R: ______________________

A: ______________________

Wie kann ich die Aufgabe lösen?
☺ kann ich gut lösen; 😐 kann ich nur zum Teil gut lösen; ☹ kann ich nicht lösen

Test 5c: Uhrzeiten und Zeitdauer bestimmen

1 Lies beide Uhrzeiten ab und schreibe sie auf.

a) b) c) d)

a) 7.15 Uhr / 19.15 Uhr
b) ______ Uhr / ______ Uhr
c) ______ Uhr / ______ Uhr
d) ______ Uhr / ______ Uhr

2 Zeichne den Minutenzeiger ein.

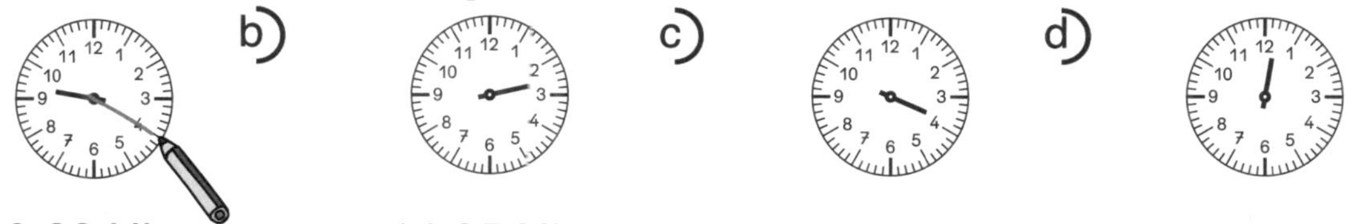

a) 9.20 Uhr b) 14.35 Uhr c) 15.48 Uhr d) 12.22 Uhr

3 Zeichne den Stundenzeiger und den Minutenzeiger ein.

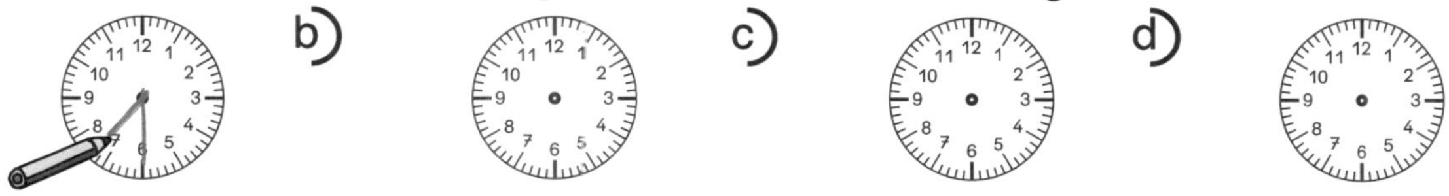

a) 7.30 Uhr b) 11.15 Uhr c) 16.37 Uhr d) 20.15 Uhr

4 Schreibe zu jeder Rechengeschichte die Rechnung und die Antwort.

a) Lena braucht 15 Minuten von zu Hause bis zur Schule.
Sie geht um 8.10 Uhr aus dem Haus.
Wann kommt sie in der Schule an?

Lena

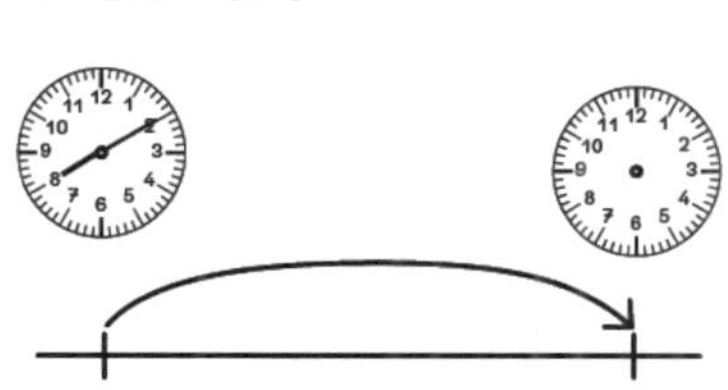

A: ______________________________

____

b) Tims Flötenunterricht dauert 45 Minuten. Er endet um 15.15 Uhr.
Wann beginnt der Flötenunterricht?

Tim

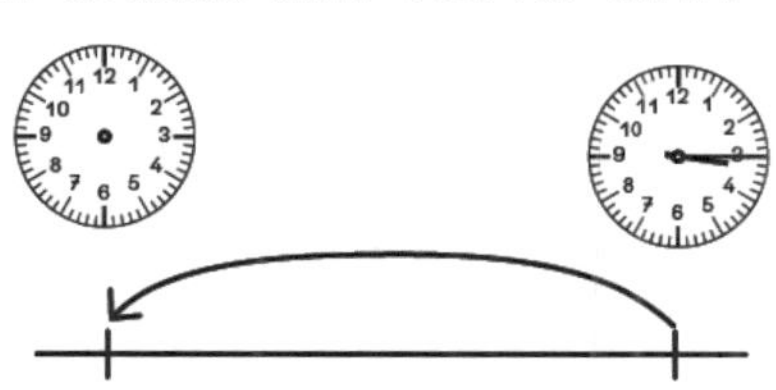

A: ______________________________

____

Wie kann ich die Aufgabe lösen?
☺ kann ich gut lösen; 😐 kann ich nur zum Teil gut lösen; ☹ kann ich nicht lösen

Test 5d: Längen messen, zeichnen und berechnen

1 Nenne Gegenstände, die ungefähr so lang sind:

a) 10 cm: Handy, ____________________

b) 30 cm: ____________________

c) 1 m: ____________________

2 Zeichne Strecken mit folgenden Längen:

a) 3 cm:

b) 7 cm:

c) 12 cm:

3 Miss mit deinem Lineal, wie lang die Strecken sind, und schreibe es auf.

a) 8 cm

b) ___ cm

c) ___ cm

4 Berechne die Länge der Figuren. Miss zuerst mit dem Lineal die Länge aller Teilstrecken und berechne dann die Gesamtlänge.

	Rechnung	Gesamtlänge
A	3 cm +	
B		

5 Schreibe die Rechnung auf und ergänze die Antwort.

Tim wirft beim ersten Wurf 15 m weit. Beim zweiten Versuch sind es 2 m weniger, beim dritten 4 m mehr als beim ersten.

R: ____________________

A: Der zweite Wurf war ________ weit.

R: ____________________

A: Der dritte Wurf war ________ weit.

Wie kann ich die Aufgabe lösen?
☺ kann ich gut lösen; 😐 kann ich nur zum Teil gut lösen; ☹ kann ich nicht lösen

Test 5e: Daten und Zufall (1)

1 Lies die Zahlen in der Tabelle ab und ergänze die Aussagen.

Haustiere	Hund	Katze	Vogel	Hamster	Maus	Fische
Kinder	10	8	4	9	5	2

a) 9 Kinder haben einen Hamster als Haustier.

b) Die wenigsten Kinder haben ______________ als Haustier.

c) Die meisten Kinder haben einen ___________.

Halb so viele Kinder haben eine ___________.

2 Lies die Zahlen in der Tabelle von Aufgabe **1** ab und ergänze das Säulendiagramm.

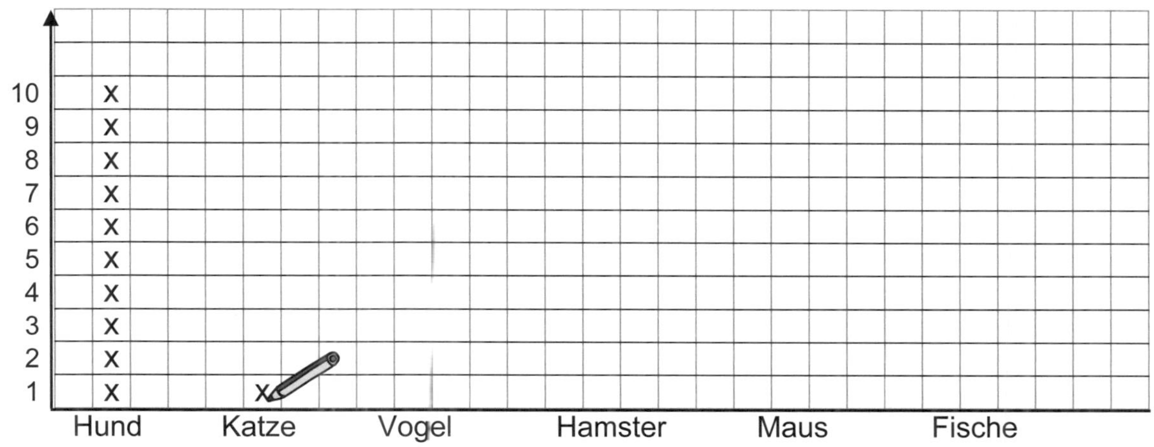

3 Paul (P), Max (M) und Tim (T) stellen sich beim Weitsprung hintereinander auf. Schreibe alle Möglichkeiten auf, wie sich die drei Jungen aufstellen können.

P

M

T

Wie kann ich die Aufgabe lösen?
☺ kann ich gut lösen; 😐 kann ich nur zum Teil gut lösen; ☹ kann ich nicht lösen

Test 5f: Daten und Zufall (2)

1 Kreuze an.

	möglich	sicher	unmöglich
Auf dem Schulweg sehe ich einen Hund.	X		
Ostern ist im Dezember.			
Am Sonntag ist schulfrei.			
Im Winter schneit es.			

2 Schreibe selbst jeweils eine passende Aussage auf.

a) Es ist möglich:

____

____

b) Es ist unmöglich:

____

____

c) Es ist sicher:

____

____

3 Lisa nimmt mit verbundenen Augen vier Plättchen. Kreuze zu jeder Aussage die passende Vorhersage an.

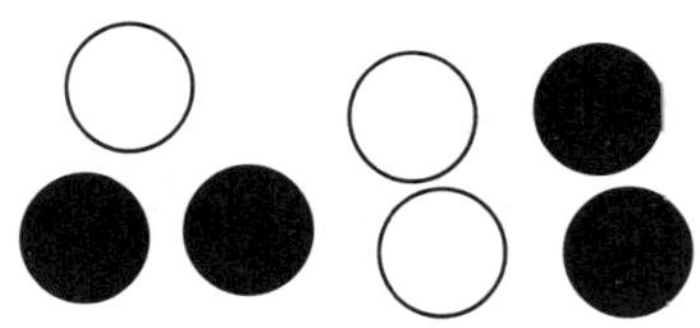

	möglich	sicher	unmöglich
Alle Plättchen sind schwarz.	X		
Alle Plättchen sind weiß.			
Ein Plättchen ist schwarz.			
Sie hat gleich viele schwarze und weiße Plättchen.			

Wie kann ich die Aufgabe lösen?
☺ kann ich gut lösen; 😐 kann ich nur zum Teil gut lösen; ☹ kann ich nicht lösen

Diagnosebogen zu den Tests zum Themenheft 5

HRU: Allgemeine Hinweise, Anregungen für den Unterricht, individuelle Förderung, Arbeit im Plenum S. 268–278
Kompetenzraster Kom Ü1–Ü2; Beobachtungsbögen „Allgemeine mathematische Kompetenzen“ BBK; Kompetenzbögen Kom 5a–5e; Beobachtungsbögen BB 5a–5d; Tests 5a–5f; Tests mit besonderen Anforderungen (mbA) 5a–5d; Lehrerkopiervorlagen (LKV) 69–85
Kopiervorlagen (KV) 163–209
Lernsoftware Interaktive Übungen: „Größen und Messen“, „Sachrechnen“, „Daten und Häufigkeit“, „Wahrscheinlichkeit“

s = sicher; **ü** = überwiegend sicher; **t** = teilweise; **n** = noch nicht

.... kann	s	ü	t	n	Förderhinweise; Forderhinweise*/Verwendung von Material	KV/LKV
Test 5 a)						
❶ Geldbeträge in dargestellten Abbildungen von Scheinen und Münzen bestimmen					• Geldbeträge bis 100 Euro, die mit Rechengeld (Kartonbeilage) gelegt sind, bestimmen, zuerst nur Euro, dann Cent und schließlich Euro und Cent • Geldbeträge bis 100 Euro in dargestellten Abbildungen von Scheinen und Münzen bestimmen, erst Euro-Beträge, dann Cent-Beträge und schließlich Euro- und Cent-Beträge • Lernsoftware: „Geld“ • in Partnerarbeit Geldbeträge mit Euro und Cent bestimmen und in Kommaschreibweise notieren*	KV 163, KV 164, KV 168/1 LKV 69, LKV 72
❷ einen Geldbetrag durch unterschiedliche Kombinationen von Scheinen und Münzen darstellen					• mit Rechengeld (Kartonbeilage) Geldbeträge bis 100 Euro legen, zuerst nur Euro, dann Cent und schließlich Euro und Cent • einen Geldbetrag durch unterschiedliche Kombinationen von Scheinen und Münzen zeichnerisch darstellen • Lernsoftware: „Geld“ • einen Geldbetrag mit möglichst wenigen Scheinen und Münzen legen oder darstellen* • LM TH 5/8* und TH 5/9* bzw. VM TH 5/11*, TH 5/12* und TH 5/13*	KV 165, KV 168/2 KV 166*, KV 167* LKV 69
❸ Münzen zeichnen, um verschiedene Geldbeträge zu einem Euro zu ergänzen					• vorhandene Geldbeträge mit Rechengeld zu einem Euro ergänzen • vorhandene Geldbeträge zeichnerisch zu einem Euro ergänzen • Lernsoftware: „Geld“ • vorhandene Geldbeträge rechnerisch zu einem Euro ergänzen*	KV 169 LKV 70 LKV 71*
Test 5 b)						
❶ Tabellen ergänzen, um Rechengeschichten zu lösen					• Angaben aus Tabellen entnehmen • Aufgaben mit Preisschildern und Rechengeld nachspielen • Rechnungen aufschreiben und lösen • Tabellen ergänzen, um Rechengeschichten zu lösen • Lernsoftware: „Sachrechnen“ • ähnliche Aufgaben in Tabellenform stellen und lösen*	KV 170 KV 171*, KV 175* LKV 73

……………………… kann	s	ü	t	n	Förderhinweise; Forderhinweise*/Verwendung von Material	KV/LKV
❷ zu Rechengeschichten jeweils die Rechnung und die Antwort aufschreiben					• Rechengeschichten lesen und vortragen • Aufgaben mit Preisschildern und Rechengeld nachspielen • Rechnungen aufschreiben und lösen • Antwortsätze formulieren und aufschreiben • Lernsoftware: „Sachrechnen“ • verschiedene Einkaufssituationen als Rechengeschichten aufschreiben und lösen* • LM TH 5/15* und TH 5/16* bzw. VM TH 5/21* und TH 5/22*	KV 172, KV 173, KV 174, KV 177 KV 176* LKV 74, LKV 75, LKV 76 LKV 77*
Test 5 c)						
❶ beide mögliche Uhrzeiten auf einer Uhr ablesen und aufschreiben					• Uhrzeiten von verschiedenen realen Uhren oder Uhrmodellen, z. B. der Spieluhr (Kartonbeilage), in Stunden und Minuten ablesen • beide mögliche Uhrzeiten auf einer Uhr ablesen und sie jeweils der entsprechenden Tageszeit bzw. den Tätigkeiten im Tagesablauf zuordnen • beide mögliche Uhrzeiten auf einer Uhrenabbildung ablesen und aufschreiben • Lernsoftware: „Zeit“ • eigene Uhrzeiten an Uhrmodellen einstellen und ablesen* • LM TH 5/19* bzw. VM TH 5/25*	KV 179, KV 180, KV 181, KV 182, KV 183/1, KV 217 KV 184*, KV 185* LKV 79, LKV 80, LKV 81 LKV 78*
❷ zu Zeitangaben auf der Uhr die Minutenzeiger ergänzen					• verschiedenen Uhrzeiten an Uhrmodellen, z. B. der Spieluhr (Kartonbeilage), einstellen • bei Uhrzeiten auf einer Uhrenabbildung die Minutenzeiger ergänzen • Lernsoftware: „Zeit“ • in Partnerarbeit Uhrzeiten nennen und auf Uhrenabbildungen die Minutenzeiger ergänzen*	KV 179, KV 217 KV 180* LKV 81
❸ zu Zeitangaben auf der Uhr die Stunden- und die Minutenzeiger ergänzen					• verschiedenen Uhrzeiten an Uhrmodellen, z. B. der Spieluhr (Kartonbeilage), einstellen • bei Uhrzeiten auf einer Uhrenabbildung die Stunden- und die Minutenzeiger ergänzen • Lernsoftware: „Zeit“ • in Partnerarbeit Uhrzeiten nennen und auf Uhrenabbildungen die Zeiger ergänzen*	KV 183/2, KV 217 KV 180* LKV 81
❹ zu Rechengeschichten die Rechnung sowie die Antwort aufschreiben und dabei Pfeilmodelle mit Uhren nutzen					• Anfangs- und Endzeiten an Uhrmodellen, z. B. der Spieluhr (Kartonbeilage), einstellen • bei vorgegebener Zeitdauer (in Minuten) und vorgegebenem Beginn einer Handlung deren Ende mithilfe von Pfeilmodellen bestimmen • bei vorgegebener Zeitdauer (in Minuten) und vorgegebenem Ende einer Handlung deren Beginn mithilfe von Pfeilmodellen bestimmen • zu Rechengeschichten, bei denen die End- bzw. Anfangszeit bestimmt werden soll, die Rechnung sowie die Antwort aufschreiben • Lernsoftware: „Zeit“ • selbst Rechengeschichten mit Uhrzeitangaben und Angaben zur Zeitdauer aufschreiben* • LM TH 5/26* bzw. VM TH 5/34 und TH 5/35*	KV 186, KV 187, KV 188, KV 189, KV 190, KV 191, KV 218 KV 192* LKV 81, LKV 82

Test 5 d)						
❶ Gegenstände aufschreiben, die eine bestimmte Länge haben					• Längen alltäglicher Gegenstände messen und aufschreiben • Repräsentanten für alltägliche Längen finden und parat haben • Gegenstände aufschreiben, die eine bestimmte Länge haben • zu vorgegebenen Gegenständen andere Gegenstände finden, die gleich lang, länger oder kürzer sind • Lernsoftware: „Längen“ • Ratespiel zu Gegenständen mit einer bestimmten Länge* • LM TH 5/32* bzw. VM TH 5/42*	KV 193
❷ Strecken mit vorgegebenen Längen zeichnen					• Strecken mit dem Lineal zeichnen • Strecken mit vorgegebenen Längen mit dem Lineal zeichnen • Lernsoftware: „Längen“ • in Partnerarbeit Streckenlängen nennen und zeichnen* • LM TH 5/32* bzw. VM TH 5/42*	KV 193
❸ die Länge von Strecken messen und aufschreiben					• Längen von Strecken schätzen • Längen von Strecken mit dem Lineal messen und aufschreiben • Lernsoftware: „Längen“ • in Partnerarbeit Streckenlängen zeichnen und messen* • LM TH 5/32* bzw. VM TH 5/42*	KV 193 KV 194*
❹ Teilstrecken messen, diese dann addieren und damit die Länge zusammengesetzter Figuren berechnen					• Teilstrecken messen und die Längen aufschreiben • Längen der Teilstrecken addieren und damit die Länge zusammengesetzter Figuren berechnen • Lernsoftware: „Längen“ • in Partnerarbeit zusammengesetzte Figuren zeichnen und messen* • LM TH 5/32* bzw. VM TH 5/42*	KV 193 KV 195*
❺ Rechnungen aufschreiben und lösen sowie die Antwort ergänzen					• Rechengeschichte lesen und vortragen • Skizzen für die beiden Teilaufgaben anfertigen • Rechnungen aufschreiben und lösen • Antwortsätze ergänzen • Lernsoftware: „Längen“ • eigene Rechengeschichten mit Längen aufschreiben*	KV 196, KV 197, KV 198, KV 199 KV 200*
Test 5 e)						
❶ Informationen aus Tabellen entnehmen und damit Aussagen ergänzen					• Informationen zu Haustieren aus der Tabelle entnehmen • mit den Informationen zu den Haustieren die Aussagen ergänzen • Lernsoftware: „Daten und Häufigkeit“ • eigene Befragungen zu Haustieren in der Klasse durchführen und in Tabellen erfassen*	KV 202

………………………………… kann	s	ü	t	n	Förderhinweise; Forderhinweise*/Verwendung von Material	KV/LKV
❷ Informationen aus Tabellen entnehmen und damit ein Säulendiagramm ergänzen					• Informationen zu Haustieren aus der Tabelle entnehmen • mit den Informationen zu den Haustieren das Säulendiagramm ergänzen • Lernsoftware: „Daten und Häufigkeit" • eigene Befragungen zu Haustieren in der Klasse durchführen und in Säulendiagrammen erfassen* • LM TH 5/41* bzw. VM TH 5/54 und TH 5/55*	KV 202, KV 203, KV 204 KV 205* LKV 83*
❸ alle Anordnungsmöglichkeiten für drei Kinder finden und aufschreiben					• alle Möglichkeiten finden, wie 2, 3 oder 4 Gegenstände angeordnet werden können • dabei die Vorteile einer systematischen Herangehensweise deutlich werden lassen • alle Anordnungsmöglichkeiten für drei Kinder durch das Aufstellen von drei Kindern finden • alle Anordnungsmöglichkeiten für vier Kinder finden und aufschreiben* • LM TH 5/45* bzw. VM TH 5/60*	KV 206, KV 207 LKV 84*
Test 5 f)						
❶ bei Situationen die Wahrscheinlichkeiten als „möglich", „sicher" und „unmöglich" einschätzen					• die Begriffe „möglich", „sicher" und „unmöglich" anhand von Beispielen in eigenen Worten beschreiben und sie gegeneinander abgrenzen • bei Situationen die Wahrscheinlichkeiten als „möglich", „sicher" und „unmöglich" einschätzen und in die Tabelle eintragen • Lernsoftware: „Wahrscheinlichkeit" • in Partnerarbeit Situationen nennen und deren Wahrscheinlichkeit einschätzen* • LM TH 5/48* bzw. VM TH 5/63*	LKV 85
❷ passende Aussagen für das Eintreffen eines Ereignisses nach den Kategorien „möglich", „sicher" und „unmöglich" finden					• Ereignisse aus dem Alltag beschreiben, deren Eintreffen „möglich", „sicher" und „unmöglich" ist • passende Aussagen für das Eintreffen eines Ereignisses nach den Kategorien „möglich", „sicher" und „unmöglich" finden und aufschreiben • Lernsoftware: „Wahrscheinlichkeit" • in Partnerarbeit die Aussagen besprechen und begründen* • LM TH 5/48* bzw. VM TH 5/63*	LKV 85
❸ vorgegebenen Handlungsergebnissen die Aussagen „möglich", „sicher" und „unmöglich" zuordnen					• Zufallsexperimente mit den Begriffen „möglich", „sicher" und „unmöglich" durchführen und beschreiben • mit Wendeplättchen (Kartonbeilage) die Aussagen zu den Plättchen nachlegen • vorgegebenen Konstellationen der Plättchen die Aussagen „möglich", „sicher" und „unmöglich" zuordnen und in die Tabelle eintragen • Lernsoftware: „Wahrscheinlichkeit" • weitere Möglichkeiten finden, wie vier Plättchen aufgenommen werden*	KV 208 KV 209*